The Growth Mindset Workbook

终身成长

（实践版）

Elaine Elliott-Moskwa

[美] 伊莱恩·埃利奥特-莫斯克瓦 著

陆霓 译　汪瞻 审校

湖南人民出版社·长沙

本作品中文简体版权由湖南人民出版社所有。
未经许可，不得翻印。

THE GROWTH MINDSET WORKBOOK: CBT SKILLS TO HELP YOU BUILD RESILIENCE, INCREASE CONFIDENCE, AND THRIVE THROUGH LIFE'S CHALLENGES by ELAINE ELLIOTT-MOSKWA, PHD, FOREWORD BY CAROL S. DWECK, PHD
Copyright: © 2022 BY ELAINE S. ELLIOTT-MOSKWA This edition arranged with NEW HARBINGER PUBLICATIONS through BIG APPLE AGENCY, LABUAN, MALAYSIA. Simplified Chinese edition copyright: 2024 Beijing Xinchang Cultural Media Co., Ltd. All rights reserved.

图书在版编目（CIP）数据

终身成长：实践版/（美）伊莱恩·埃利奥特–莫斯克瓦著；陆霓译. --长沙：湖南人民出版社，2024.10
ISBN 978-7-5561-3572-1

Ⅰ.①终… Ⅱ.①伊… ②陆… Ⅲ.①思维方法 Ⅳ.①B80

中国国家版本馆CIP数据核字（2024）第103991号

终身成长（实践版）
ZHONGSHEN CHENGZHANG（SHIJIAN BAN）

著　　者：[美]伊莱恩·埃利奥特–莫斯克瓦
译　　者：陆　霓
出版统筹：陈　实
监　　制：傅钦伟
责任编辑：张倩倩
责任校对：张命乔
装帧设计：凌　瑛
内文设计：陶迎紫

出版发行：湖南人民出版社［http://www.hnppp.com］
地　　址：长沙市营盘东路3号　邮　编：410005　电　话：0731-82683357
印　　刷：长沙艺铖印刷包装有限公司
版　　次：2024年10月第1版　　印　次：2024年10月第1次印刷
开　　本：710 mm×1000 mm　1/16　印　张：15
字　　数：140千字
书　　号：ISBN 978-7-5561-3572-1
定　　价：68.00元

营销电话：0731-82683357（如发现印装质量问题请与出版社调换）

本书赞誉

成长，是人人都心向往之的事情。然而，由固定型思维主导的态度可能会阻碍你的进步，限制你的成长。《终身成长（实践版）》能教你识别出自己成长道路上的陷阱，并让你学会各种应对策略，来获得成长型思维。如果你真的希望改善自己的工作状态或个人生活，那么这将是一本能帮助到你的好书。本书精彩呈现了如何通过实践将成长型思维融入你的日常生活，以及成长型思维会如何神奇地改变你的人生等内容。

——克里斯提娜·A. 帕蒂斯凯博士
《理智胜过情感》合著者

本书将严谨、科学的认知行为疗法和通俗易懂的思维方式研究结合在一起，双管齐下，为我们提供了改善生活质量、提高生活满意度和增强幸福感的实用策略。在《终身成长（实践版）》中，作者伊莱恩·埃利奥特-莫斯克瓦博士精彩地描述了如何有效使用经过验证的认知行为疗法来建立起成长型思维。通过实践认知行为疗法，读者可以学会识别并克服成长威胁，掌握行之有效的认知行为策略，从而过上更有意义、更有成就感的生活。

——丹尼斯·格林伯格博士
《理智胜过情感》合著者
美国加利福尼亚州纽波特海滩焦虑与抑郁中心创立者

《终身成长（实践版）》是一本可以改变你人生的好书。你是否常常会对自己说"我做不到"？伊莱恩·埃利奥特-莫斯克瓦博士在这本书中为我们提供了强大而实用的工具，来帮助我们发现自己对改变的偏见，并帮助我们克服成长中出现的障碍。这些理论和技巧可读性强、内容丰富，而且非常实用。你会发现，你几乎可以将它们运用在日常生活中的任何领域，从而帮助你改善自己的生活。这是一份可以让你大声喊出"是的，我能！"的详细指南。

——罗伯特·莱希博士
美国认知治疗研究所主任
《如果……的话：从遗憾中寻找自由》作者

伊莱恩·埃利奥特-莫斯克瓦博士写了一本十分出色的工作手册，它可以改变你的思维方式，进而提高你的生活质量。她给出了一个简单而有力的观点：你的思维方式对你的心理健康有着巨大的影响。作为一名临床专家和该领域最权威的学者之一，伊莱恩·埃利奥特-莫斯克瓦博士创作出了这本大师级的工作手册。因此，我强烈地推荐你阅读这本书。

——斯蒂芬·霍夫曼博士
德国马尔堡菲利普大学教授
《基于学习过程的疗法》合著者

工欲善其事，必先利其器。要想获得成长，先要具备成长型思维。作为成长研究领域的权威专家，伊莱恩·埃利奥特-莫斯克瓦博士在《终身成长（实践版）》中介绍了一系列基于认知行为疗法的策略，以帮助你培养和建立起一种以成长为导向的思维方式。如果你陷入困境、停滞不前或迷茫无措，如果你感到焦虑不安、悲伤抑郁或愤怒痛苦，就请拿起这本书，学习这些技能，然后获得改变和成长吧。

——迈克尔·A.汤普金斯博士
美国旧金山湾区认知治疗中心联合主任
《焦虑和抑郁自助手册》作者

伊莱恩·埃利奥特-莫斯克瓦博士在这本有趣而实用的工作手册中，提供了各种各样通俗易懂、方便好用的工具，能帮助读者从固定型思维转变为成长型思维。她通过说道理、讲故事的方式，将专业知识和日常生活中的例子巧妙结合，以便系统地帮助读者转变思维方式，突破成长威胁，培养心理韧性，从而奔向成功目标。

——莱斯利·索科尔博士
国际认知行为治疗协会候任主席
行为与认知治疗协会研究员
认知与行为治疗学会杰出创始研究员
《认知行为治疗综合临床医师指南》合著者

伊莱恩·埃利奥特-莫斯克瓦博士结合自己在心理韧性领域的研究，写出了这本引人入胜的必读书。本书主要围绕"如何从固定型思维转变为成长型思维"这个主题，通过说明固定型思维是一种习惯，帮助我们了解到，我们可以自己培养起成长型思维。本书通过各种丰富有趣的案例，教授了科学实用的知识，它是我们学习迎战成长威胁，并最终获得成功的绝佳资源。

——拉塔·K. 麦金博士
美国叶史瓦大学心理学教授
认知行为疗法咨询中心发起人之一
《抑郁和焦虑障碍的治疗计划与干预方法（第二版）》合著者

伊莱恩·埃利奥特－莫斯克瓦博士在成长型思维的研究和实践领域都作出了杰出的贡献。通过练习，读者可以摆脱将挑战视为困境的固定型思维。关于成长型思维的理论已经广泛应用于教育和商业领域，现在她又创造性地将这种理论应用于日常生活和个人成长的其他方面。通过基于认知行为疗法的策略，伊莱恩·埃利奥特－莫斯克瓦博士帮助读者提升潜力。

——林恩·麦克法尔博士
美国加州大学洛杉矶分校教授
国际认知行为治疗协会主席
美国加利福尼亚州认知行为治疗协会创始人

本书通俗易懂地描述了当代心理学的一些开创性研究，并和认知行为疗法相结合而形成诸多简单易操作的方法，既让人耳目一新，又让人受益匪浅。

——任俊
浙江师范大学教授
中国心理学会积极心理学专委会副主委
《心理科学进展》期刊编委

将"终身成长"这个发人深省的概念变得生动可实践是本书的一大亮点，也为我们保持长久的心理健康提供了一剂来自心理科学的良方。

——高雪屏
中南大学湘雅二医院儿童精神病专科主任
中国心理卫生协会儿童心理卫生专委会副主委

都说人只活一次，那就一定要过得幸福。怎么幸福？这本书就有答案。书中用清晰的逻辑、简明的表格，真正做到了手把手教人怎么识别僵化的固定型思维，怎么发展和实践成长型思维，因此操作性很强，且通俗易懂。作者将专业知识和日常生活紧密联系在一起，为读者提供了随时可用的心理工具。如果你想获得人生的幸福，那这是一本不可错过的好书！

——周亚男

湖南省脑科医院儿少心理科主任

研究生导师

越来越多的学校和企业开始倡导成长型思维，但如何培养和训练人们从固定型思维转变为成长型思维仍是一个难题。这本书通过丰富的案例和方法，为广大读者提供了实用的练习和尝试机会，是一本为实践者而写的书。

——贾悦

斯坦福教育创新者协会会长

斯坦福大学发展与心理科学系博士生

推荐序

PREFACE

重塑思维方式的指南

伊莱恩·埃利奥特 - 莫斯克瓦是我最早带过的博士研究生之一，也是其中的佼佼者。她的研究主题探讨了目标对个体的重要影响——是让人更加坚持不懈和坚韧不拔，还是让人更加盲目自大和畏缩不前？她发现，那些倾向于通过选择新奇而具有挑战性的目标来拓展自己认知边界的个体，在面对挫折时会更具心理韧性。而那些倾向于通过在目标实现过程中衡量和验证自己现有实力的个体，在遭遇挫折时则更容易感到脆弱和无助。

她的博士研究奠定了人们的自我理论或"思维方式"的基础——固定型思维意味着人们相信他们的个人能力或品质，比如智力，是固定不变、无法发展的；而成长型思维意味着人们相信通过勤奋工作、改进策略和获得他人帮助，他们可以不断地去提高能力或发展品质。

博士毕业后，埃利奥特 - 莫斯克瓦在宾夕法尼亚大学的认知疗法中心进行博士后研究。在认知行为疗法创始人之一亚伦·贝克的指引下，她被这种流派深深吸引了。从那时起,她便踏上了一段灿烂绚丽的职业之旅,到现在为止,她倾心耕耘认知行为疗法已逾20个春秋。她在哈佛医学院与麻省总医院创立了认知疗法的学术交流项目,如今更荣任认知与行为疗法学院的院长。

与此同时,学界在人生发展领域长达数十年的研究都纷纷证明,成长型思维在个人的成就和幸福方面意义非凡。而在这一过程中,埃利奥特-莫斯克瓦一直作为认知行为疗法的主力,在科研与应用之间架起了相互通达、相互促进的桥梁。

如今,她创作了这本引领潮流的巨著,这是我所见过的最杰出的著作之一。这本书教导人们如何将认知行为疗法理论和实践融入自己的生活。也就是说,人们可以重构自己的思维方式,并将其引入自己日常生活的方方面面,来获得有益的改变,踏上康庄大道,从而更好地实现自己的短期目标和长期目标。

坦率地说,她所举出的那些案例,都让我读得津津有味。这些案例能很好地吸引读者,并帮助他们对自己的思维方式有一个更深刻的认识。最后,她给出了一个我们可以跟着一步步实践的计划,目的是教会我们以全新的成长型思维来解读和应对生活。这不仅能赋予我们迎接挑战的勇气,还能指导我们采取更加有效的方式和行动获得成功。

我强烈向你推荐这本书,因为它或许会改变你的一生。

——卡罗尔·德韦克
斯坦福大学心理学教授
美国艺术与科学院院士
美国国家科学院院士
《终身成长》作者

推荐序

PREFACE

成长有良方

我们正处在一个充满挑战的时代：心理问题检出率不断攀升；抑郁焦虑等疾病发作群体呈年轻化趋势；厌学、拒学，职业倦怠、只想躺平等"停止发展"的现象更是屡见不鲜。这些挑战推动着我们去正视当前不可避免的情绪内耗、价值空虚以及痛苦轻生等困局。在这个困难时期，拥有真正积极且能保持持续发展的心态是一项至关重要的能力。

不过，这也是一个充满机遇的时代——运用成长型思维塑造积极心态，或许正是破解当代困局的一剂良方。这项开创性的研究有力地破除了曾经流行一时的"努力无用论"观点，以科研实证给正在努力生活的你我正名：成长型思维让人重视努力和持续奋斗，人类正是如此才能不断发展向前，成就今天的丰功伟绩；认定天命难违，以暂时的结果论人生的输赢，则容易使人陷入固定型思维的"玻璃心"陷阱里。

本书的作者伊莱恩·埃利奥特-莫斯克瓦博士正是成长型思维的领军人物。她的研究奠定了当代心理学"自我理论"的基础——揭示了为何有些人的自我如此强大，使得他们能够百折不挠，越挫越勇，并能够实现终身成长。

常言道："实践出真知。"伊莱恩·埃利奥特-莫斯克瓦博士更是一位言行高度一致的实干家。

在取得了心理学的博士学位后，她积极投入到将成长型思维运用到实践中的探索里。在跟随著名心理学家亚伦·贝克先生学习的过程中，她将当前得到最多证据支持、高效靠谱的认知行为疗法与成长型思维进行了有机融合。

最终，在其经年累月的努力下，成长型思维不再只是一句理论，而是成了一套简便易操作的方法，具体体现为本书提到的6项核心策略：

- 选择一个难度适中的任务。
- 当任务略显棘手时，全身心地投入其中。
- 对自己的表现进行实际评估。
- 对错误进行分析，以促进你的成长。
- 与那些能为你提供建设性反馈意见的权威专家聊聊。
- 与同辈群体进行建设性比较，并学习他们的优点。

这些有效的策略搭配上她精心设计的一系列结构化的图表，使培养成长型思维不再是一纸空谈，而是一场能够被看见的改变。

作为国内最早一批推广成长型思维的践行者，我能够参与到本书中文版的审校工作中，深感荣幸，并获得了诸多启示。当前，有赖于深圳市妇女联合会和深圳市家庭教育促进会的鼎力支持，我开设的成长型思维系列课程正逐步被引入深圳的各个学校、医院、社区、家庭，为培养具有"终身成长"能力的下一代贡献一份来自心理科学的力量。迄今为止，大量的研究成果和我个人十数年的实践经验使我深信，成长型思维能够切实地改善我们的生活，尤其是在我们懂得并开始实践它的时候。

期待每位读者都能和我一样，细读本书，享受一段促进知行合一的"终身成长"之旅。

——汪 瞻

临床心理学家

斯坦福大学心理学博士

中华医学会第七届委员会委员

深圳市家庭教育促进会创会理事

目录

引言　001

PART 1 第一部分

发展成长型思维　005

第 1 章　你的固定型思维是否正在拖你后腿　006
第 2 章　成长型思维能为你做什么　024
第 3 章　如何用成长型思维替换固定型思维　035
第 4 章　如何应对固定型思维主导下的情绪问题　076
第 5 章　用于抵御固定型思维的成长型思维行动计划　098
第 6 章　让你重回正轨的成长型思维工作表　136

PART 2 第二部分

实践成长型思维　161

第 7 章　有助于实现职业目标的成长型思维　162
第 8 章　日常生活中的成长型思维　190

结语　215
致谢　219
参考文献　221

引言　INTRODUCTION

　　我在本书创作过程中所经历过的心路历程，也曾同样发生在许多追梦人的身上。我希望自己能为这些向着目标奋勇前进的人助力，帮助他们更好地应对生活中的挑战。此前我从未有过出版图书的经历，但这个计划却一直在我的脑海中，不断酝酿，慢慢成形。最终，我决定为大家撰写一本基于认知行为疗法的工作手册，以指导人们保持和运用成长型思维，来抵御和应对生活中的挑战和障碍。我接受过该领域最顶尖专家的指导，也长期将自己的科研成果应用于来访者的治疗，在理论和实践方面都可谓久经考验。那么，还有什么东西能成为我前进道路上的拦路虎呢？那就是固定型思维。

　　创作这本书是一项极具挑战性的任务。它需要我不断地挑战自己，进行实践上的创新，并学习新的技能。有些时候，我的进展十分缓慢；有些时候，我会犯错、遭到批评与拒绝；有些时候，我会听到同行的成功事迹，这让我的心理压力倍增。无论是在职业发展、人际关系还是身心健康方面，每个人在追求自己的重要目标时都难免会遇到各种各样的挫折与困难，而这些情况都很容易引发固定型思维，从而阻碍你的进步。固定型思维并不是一种精神疾病，而是一种不易发现且有害无益的思维习惯。它不仅仅是一种认为自己能力不足的自卑心理。即使一个人认为自己能力极高，他也同样可能受到固定型思维的制约。当你追求自我价值的实现时，你对自己的能力的看法，将决定你面对挑战时的态度。

固定型思维是指认为自己的能力或品质是固定不变的，它们可能高，也可能低，但你几乎无法对其进行改变；成长型思维则是指你生来可能具备某种特定的能力或品质，且你相信自己可以不断地去提高自己的能力或发展自己的品质。当人们拥有成长型思维时，他们会更加积极地迎接挑战，在面对困难时也更有韧性，能更快地从错误中吸取教训，并且更擅于将他人作为导师或资源来提升自己的能力或发展自己的品质。当人们拥有固定型思维时，他们会选择更为安全或简单的任务，逃避挫折，并避免寻求他人帮助，以免将自己的不足和缺陷暴露给他人。

在大多数时候，我表现出了成长型思维。但在这本书的创作过程中，我却不时会不自觉地陷入固定型思维中。不过，每当这种情况发生时，我都能用本书中所介绍的策略识别出固定型思维的警示信号，然后迅速切换回成长型思维，从而得以继续完成这个项目。

那么，为什么要撰写这本工作手册，向大家进一步介绍成长型思维呢？尽管已有许多著作探讨了思维方式的重要性，但仅仅理解成长型思维十分重要，并不意味着你就能轻松地保持住它。就如同我们都知道，积极理性的思考、健康有机的饮食、规律科学的锻炼有益于我们的身心健康，但真正着手实践并长期保持这些思考方式和生活方式却并非易事一样。

固定型思维是一种不易发现、有害无益的思维习惯，它会阻碍你积极地面对生活中难免会出现的挑战。同样地，要识别出自己何时身处固定型思维陷阱，并将其转变为成长型思维，也是一项颇具挑战性的任务。例如，在一段曾经美好的亲密关系破裂后，你要如何在固定型思维（"我不值得被爱"）的泥沼中，培养起成长型思维，并擦干眼泪，让生活好好继续？当你因为没有获得渴望已久的工作，而用固定型思维（"我没有才能"）限制住自己时，你又该如何将其转变为成长型思维，在职业发展之路上重整旗鼓，继续前行？

如何将思维方式的知识应用到自己的生活中？这本书给出了循序渐进的

步骤，来帮助你识别并摆脱固定型思维，重新踏上成长型思维的正轨。你将学到特定的认知行为疗法，在这些疗法的帮助下，当你在通往目标的道路上陷入固定型思维陷阱时，你就知道该如何跳出陷阱，继续勇敢前进。

尽管已经有许多关于成长教育的内容出现在学龄前至高中阶段的科普读物中，但鲜有以成年人为受众且基于科学的认知行为疗法的高质量作品问世。更重要的是，许多读物的作者仅仅强调了改变固定型思维的重要性，却未能给出基于科学实证、操作性强的有效指导来帮助读者切实地逃离困境。

本书的目标读者是所有希望摆脱固定型思维、拥有成长型思维，以及读过卡罗尔·德韦克教授的《终身成长》的人。此外，本书还适用于心理健康和护理方面的专业人员、管理者、教练、家长和教育工作者等，书中丰富的操作技能可用来帮助上述人士的患者、员工、学员、孩子和学生等。

那么，我为什么能写好这本书呢？全球现象级畅销书《终身成长》的作者卡罗尔·德韦克教授是我的博导，她还指导了我在哈佛大学教育学院人类发展实验室读博士后期间的工作。我的博士论文发表在知名学术期刊上，已被引用超过5000次。同时，我还与德韦克教授合作撰写了有关思维方式应用的论文和著作章节。被誉为"认知疗法之父"的亚伦·贝克教授也是我的导师，在他的督导下，我在宾夕法尼亚大学认知疗法中心接受了最专业的认知行为疗法培训。此外，畅销书《伯恩斯新情绪疗法》的作者戴维·伯恩斯教授在宾夕法尼亚大学长老会医学中心工作期间，我是他的顾问。我还帮助建立了哈佛大学医学院附属麻省总医院的认知疗法培训项目。

目前，我担任认知与行为疗法学院的院长，这是认知疗法流派最权威的认证机构之一。与此同时，我还运用本书所提供的认知行为自助策略，为我在普林斯顿的私人诊所中的来访者们提供服务。兼顾科研工作与实务工作，我正努力架起学术和临床领域之间的桥梁，也正努力将德韦克教授的理论和成果转化为这本根植于科学研究的工作手册。我在个人成长领域已经深耕20

余年，一直勤勤恳恳地帮助人们摆脱固定型思维，直面各种挑战，从而挖掘潜力，创造属于自己的人生高光时刻。我亲眼见证了成长型思维的力量，它已经改变了我的生活，也将继续改变更多人的生活。

PART I
第一部分

发展成长型思维

第1章
你的固定型思维是否正在拖你后腿

CHAPTER 1

　　两位研究生吉姆和罗伯同时向同一家研究公司投了自己的求职简历。他们的研究领域相同（都是微生物学方向），发表了相同数量的学术论文，在研究生期间成绩均为中上水平，也都为自己进一步读博奠定了不错的研究基础。换句话说，他们在微生物学领域具有同等水平的科研技能和科研经验。公司向他们两位同时发出了面试邀请，面试环节首先是面试者对自己的研究成果进行展示与陈述；然后面试官就展示内容提出问题，由面试者作答；最后是公司主管和同事对面试者开展5次面试，每次面试时间40分钟左右。这个面试将在两周后举行。

　　一接到通知，吉姆便立即着手准备这个两周后的面试。他的表现一直在提升，但他却在不停地质疑自己。例如，当他在准备面试时，他会忍不住一直想："如果我的表现看起来不够精彩怎么办？如果我的研究生成绩不够好怎么办？"他也会试着压下这些念头，继续一遍又一遍地打磨自己的演讲稿。然而，他却止不住地感到心烦意乱，想象着自己求职失败的场面，想象着公司各部门成员会用什么样的眼光看待他这个被拒之门外的可怜人。他确信："学校的求职顾问一定会觉得我不是个可塑之才，我只是个废物罢了。"于是，他更加努力地准备演讲，并反复对自己强调："这是我唯一的机会，我必须尽善尽美。如果这次失败了，那么我就要再花上好几个月来寻找下一个工作机会。"然而，他将全部精力都耗在了对演讲稿的反复打磨上，却忽略了对面试流程中其他环节的准备。

在此期间，吉姆还遇到了两位刚入职成功的研究生同学，其中一位刚好是被自己正准备面试的公司录用的。他感到不安极了，自言自语道："如果我没有被录用，那么他们会怎么看我呢？他们会觉得我的研究成果毫无价值。"这些关于自己和工作的想法一直让吉姆的精神处于高度紧张状态，他在面试前夜一直辗转反侧，无法入眠。心力交瘁的吉姆躺在床上，开始担心自己会由于睡眠不足而无法好好表现，比如回答不上问题，或在面试中语无伦次。然后，他又开始质疑自己是否该高攀这个心仪的公司，甚至考虑装病逃避，打电话给人力资源部门取消面试。

让我们再来看一下罗伯的情况。罗伯和吉姆在微生物学领域的科研水平不相上下，研究经验也旗鼓相当。那么面试两周前，罗伯都在做些什么呢？一接到通知，他就立即开始准备自己的演讲。要想准备一场精彩的演讲的确没有那么容易，有时他也会感到有点挫败和沮丧，但他会在情绪低落一会儿后对自己说："除了演讲，在整个面试过程中，与面试官保持良好的沟通与互动也非常重要。另外，我的课题位于领域前沿，内容复杂，要想把它好好地展示出来，本身就不是一件容易的事。我应该如何与具有不同知识背景的听众建立连接，向他们清楚明白地展示我的研究成果呢？由于我的研究专业性极强，我还需要考虑到不熟悉这个领域的听众的接收效果。"于是，他花了相当多的时间重新组织编排他的演讲方式，然后约见了一位求职顾问对自己进行指导。他还约见了一位最近刚入职该公司的同学，针对这个公司的整个面试过程向她取经，包括她面试时被提了什么样的问题，以及在面试过程中，什么意外情况最令她措手不及等。除此之外，他还向她询问了这个公司的情况，尽管他认为自己会喜欢这份工作，但他意识到面试的过程其实也是在向他打开一扇窗口，他能从中了解公司的文化是什么样的，并且了解这个公司和这份工作是否真的适合自己。

　　随着面试的日子越来越近,罗伯知道,自己并非一定能轻松地拿下这份工作,但他也认为,这样的面试过程是一个了解这类公司的机会,也是一个帮助自己以后从容应对其他各类面试的机会。他告诉自己,如果自己这次没有被录用,那么他将需要更加努力地去广泛寻找其他工作机会,并且可能需要与研究生期间的一些校友建立联系。面试前一晚,罗伯也同样感到紧张,但他更感到兴奋。他先熟悉了一下自己的演讲流程,然后在电脑上看了会儿电影来放松自己,接着就早早上床睡觉了。他觉得自己已经做了全面而充分的准备,也知道自己不可能事先预测到每一个面试问题并准备好完美答案,他打算胸有成竹地随机应变。

　　为何吉姆和罗伯这两位具有同样专业水平和研究经验的年轻人,在面临同一个具有挑战性的面试机会时,会有着如此大相径庭的反应呢?吉姆的焦虑心理是如何导致他夜不能寐,甚至考虑放弃面试的?为何吉姆和罗伯在看待求职顾问和同辈群体的方式上会如此差异?吉姆和罗伯是如何以不同的方式进行演讲准备的?你认为他们在实际面试过程中会如何克服困难呢?如果在演讲过程中出现暂时的失误,那么他们各自会如何应对呢?如果最后没有求职成功,那么这个结果又会如何影响他们各自的发展前景呢?

　　让我们再来看看另外一个例子。

　　杰西卡和盖尔都在她们20多岁时结了婚,为了支持丈夫的事业,她们都暂时中断了自己的职业生涯。现在她们已经50多岁,孩子都离家上了大学。而两人的丈夫都有了外遇,现在想要离婚。杰西卡陷入了深深的绝望和悲伤。她止不住地一遍又一遍地去想:"我为他付出了这么多,他怎么可以这样对我?"她十分嫉妒丈夫的新女友,并因遭到如此背叛而感到羞耻。不仅如此,她还退出了自己过去的圈子,也不再参加各种活动,因为她觉得熟人们会以轻蔑或怜悯的眼光看待她。她相信就在这一夜之间,她已经从一个众人艳羡的人生赢家变成了一个遍体鳞伤的无家可归之人,从一个备受呵护的可爱女人变成了弃妇。

在自我封闭一段时间后，杰西卡重新与几个朋友建立了联系，然后大部分时间都和他们待在一起。她不是想方设法地追查她前夫的行踪，就是在朋友面前对她前夫冷嘲热讽或恶语相加，以寻求共鸣和安慰。她现在把全部精力都花在了如何实施报复上。她想，他如此残忍地把她打入万劫不复之地，他不能就这么轻而易举地甩手离去，从此过上幸福美满的生活。她决定不再回职场，这样她就可以从前夫那里得到更多的子女抚养费。她煽动孩子们与他们的父亲为敌，因为她无法忍受孩子们与这对重新组合的幸福夫妇共度时光。几个月过去了，她又开始觉得前夫不值得她这么煞费苦心地投入精力关注，而她也不想再开始别的亲密关系了。但在这一切的背后，其实她已经开始怀疑自己的魅力，怀疑自己是否真的是一个彻头彻尾的失败者。

让我们再来看看盖尔的情况，她和杰西卡一样收到了这个令人震惊和心碎的消息。盖尔也因此感到非常沮丧、受伤和困惑。毕竟谁不会呢？她花了好几个月的时间才逐渐接受这个事实：自己的丈夫离开了她，投入了另一个女人的怀抱。

盖尔开始积极地与朋友们交流。她同样很难适应突如其来的单身生活，但她并没有因此而沉沦下去。她努力打起精神，将时间花在和朋友们进行大量令人身心愉悦的活动上，她也向那些已经妥善处理好离婚问题的朋友征询意见。此外，她还意识到，自己作为单身女性的全新身份可能会微妙地影响她在社区中的一些人际交往，但她仍试图保持乐观、活跃，并广泛结交新的朋友。

在离婚诉讼期，盖尔的目标是实现公正而友好的分居。虽然她因此事受到了极大的伤害，但她依然允许她的成年子女与他们的父亲保持独立的父子关系和父女关系。随着时间的推移，她开始反思这段已经终结的婚姻关系中所发生的事情。尽管她并不十分确定自己是否想要开启另一段感情，但她的心门依然敞开着。她还开始考虑是否要重新去工作，如果要工作的话，自己可能需要采取哪些初步措施。她咨询了一些过去的同事,并做了一些研究工作。尽管她有时会不可避免地感到焦虑和不安,但她也同样开始看到,生活中更多充满光明的可能性正在自己的眼前徐徐展开。

为何在面对同样的创伤性突发事件时,杰西卡和盖尔会有着如此不同的反应呢?为何杰西卡深陷于愤怒和嫉妒等负面情绪之中无法自拔,而盖尔虽然也同样伤痕累累,却依然能继续前行呢?从客观上来说,双方都面临着同样艰难的困境——一场令人心力交瘁的离婚,但她们却在人际交往上朝着不同的轨迹发展,她们对前夫、朋友和家人做出的行为为何如此不同呢?

在这两个例子中,当生活中的挑战突然出现时,具备相似技能和面临相似处境的人们表现出了截然不同的反应。也就是说,这种挑战无论是来源于工作压力还是个人生活,我们都能在这些例子中看到两人从想法、情绪到行为的不同对比。虽然这些例子中的人物都是虚构的,但他们都是我在过去20年中曾经疗愈过的一个又一个鲜活个案的结合体。我花了数年的时间来研究这些不同反应,目的是希望人们在面对生活的挑战和挫折时,仍能保持坚韧,并获得成功。

思维的重要性

在《终身成长》中,卡罗尔·德韦克(Dweck,2006)呈现了两种人所表现出的明显不同的行为模式,而这两种不同的行为模式在各行各业的人们身上都有体现。具体来说,她描述了人们对自己的能力和品质所持有的两种不同的思维方式(固定型和成长型),并展示了这些思维方式是如何对他们在自己的成就领域(比如学业、商业、科学和体育)和人际领域(比如建立和维持亲密关系)的成功产生强大影响的。

固定型思维是指认为自己的能力或品质是固定不变的,它们可能高,也可能低,但你几乎无法对其进行改变(Bandura and Dweck,1985)。成长型思维则是指你生来可能具备某种特定的能力或品质,且你相信自己可以不断地去提高自己的能力或发展自己的品质。我曾与德韦克共事，这段经历帮助我奠定了现在关于成长型思维和固定型思维的理论基础。这套理论强调，学习目标与表现目标（即让你变得更好与看起来更好的目标）在很大程度上决定了个人能否在很多方面，包括接受挑战、承受负面反馈以及克服障碍方面以最佳表现进行应对（Elliott and Dweck，1988）。后来，德韦克和其他研究者证明，正是你自己的思维方式影响了这些目标的实现（Robins and Pals，2002；Blackwell, Trzesniewski and Dweck，2007；Mangels et al.，2006）。研究表明，当人们拥有成长型思维时，他们会更加积极地迎接挑战（Mueller and Dweck，1998；Beer，2002；Kray and Haselhuhn，2007），在面对困难时也更有韧性（Wood and Bandura，1989），能更快地适应错误并从错误中吸取教训（Blackwell, Trzesniewski and Dweck，2007; Mueller and Dweck，1998; Kammrath and Dweck，2006），并且他们更擅于将他人作为导师或资源来提升自己的能力或发展自己的品质（Hong et al.，1999; Nussbaum and Dweck，2008）。

拥有固定型思维的人经常对自己与生俱来的能力或品质感到忧心忡忡。"我聪明吗？我有天赋吗？我讨人喜欢吗？我是个失败者吗？"他们总是小心翼翼地安排着自己的世界。他们会选择更为安全或简单的任务，逃避挫折，并避免寻求他人帮助，以免将自己的不足和缺陷暴露给他人。

拥有固定型思维，就仿佛在一场令人胆战心惊的噩梦中，你正驾驶着一辆燃油表失灵的汽车，试图穿过一个漫无边际的沙漠，驶向一个遥不可及的终点。你也许会禁不住地想："我到底还剩多少燃料呢？剩下的燃料足够支撑我到达目的地吗？我还能挣扎着开多远？如果车没油了怎么办？我希望自己能有足够的燃料支撑到目的地，但如果我没有呢？我应该试着继续前行，还是应该把车开到路边，停下来大声求救？"这种强烈的焦虑和恐惧会一直在你的脑海中盘旋，你会时刻觉得自己危在旦夕。

研究表明，在一些人身上，固定型思维占比更大，而在另一些人身上，成长型思维占比更大（Robins and Pals，2002）。重点是，研究还表明，成长型思维是可以习得的，它会改变你的思考、感受和行为方式（Nussbaum and Dweck，2008；Aronson, Fried and Good，2002；Good, Aronson and Inzlicht，2003；Blackwell, Trzesniewski and Dweck， 2007；Hong et al., 1999）。

本书将会如何为你提供帮助

你之所以会读这本书，或许是因为你意识到了成长型思维的重要性；或许是你已经具备了相当程度的成长型思维，想要去学习如何更有效地应用它；或许是你读过德韦克的《终身成长》，有过一次"啊哈！"的体验，你也能立刻意识到自己生活的哪些方面存在固定型思维，并很快就能将其转变为成长型思维；又或许，你已经在努力培养一种成长型思维，以发展你的思维能力、改变你的行事方式，而你还想要获得更多的发展。

作为一种强有力的工具，成长型思维可以帮助你应对许多生活挑战，并让你在各领域中脱颖而出。当你发现自己陷入固定型思维时，尽管你知道将其转变为成长型思维是大有裨益的，但这却并不容易做到。其中一个关键的问题就是，你有时会难以识别出固定型思维。当你意识到自己陷入固定型思维时，即使你看到了成长的方向，但要真正地做出改变，这也并不是一件轻而易举的事情。因为有的时候，你仅仅是对某件事展开了理智的思考，但这并不意味着你能轻易地为此做出改变。举例来说，假如你现在是一名想要提升自己曲线球水平的棒球投手。你的教练告诉你，你需要缩短步幅，改变肘部的角度，并对你的抓地力进行调整。面对教练那逐步拆解式的、条理清晰的指导，你可以看到自己需要做出什么改变，但真正执行起来却可能是另一回事。改变是特别困难的，因为你有自己的习惯性投球方式。为了达到教练的新要求，你必须花费更多时间去深入思考，并进行枯燥乏味的反复练习。所以，理解如何把曲线球投得更好，并不等于能立刻变成投得更好的样子。同样，理解固定型思维与成长型思维，也并不等于能立刻实现脱胎换骨式的成长。

从固定型思维转变为成长型思维,不是一个仅需要几个小时练习的学习项目,而是一个需要终生学习的人生发展项目。即使你在一开始就用成长型思维来提高自己的技能或发展自己的品质,你也难免会因为遇到某些情况而陷入固定型思维,进而偏离正轨,最终阻碍成长。例如,你可能会生一场病,这让你从此不再从成长和进步的角度去审视生活;你可能会收到一些负面评价,这让你从此开始怀疑自己的能力;你可能会犯下一个重大的错误,这让你从此觉得自己无法继续做对你来说非常重要的事情;你可能会看到朋友圈里的某个人轻而易举地实现了你一直以来苦苦追求的目标,这让你感到羡慕嫉妒;又或者,你可能会突然发现,某些固定型思维一直在控制着你的想法、感受和行为,只是你此前并不知道。

多年来,我一直在进行关于思维方式的研究,但让我感到惊讶的一点是,我发现自己仍然会陷入某种固定型思维。尽管我曾与卡罗尔·德韦克一起进行过学术研究,在亚伦·贝克的督导下接受过最专业的认知行为疗法培训,并在20年中一直应用认知行为疗法来帮助我的来访者从固定型思维转向成长型思维,但我自己的固定型思维却差一点儿就让这本书被扼杀在襁褓之中。

我想将这段经历分享出来,以帮助你了解固定型思维会如何阻碍你获得成长和发展,但我需要回到本书最开始的部分来讲述这个故事。卡罗尔·德韦克曾与我合作撰写过一本学术著作中的一个章节(Dweck and Elliott-Moskwa,2010),后来她又与我合作撰写一篇将要发表于学术期刊的文章,着重探讨如何将思维方式与认知行为疗法结合起来。我一开始对此感到非常兴奋,简直文思如泉涌。我先是起草了大纲,然后向编辑部提交了一份研究计划,编辑也对此做出了积极的回应。但后来我却开始犯"拖延症",觉得这事儿有点无聊。这很奇怪,因为我觉得自己理应全身心投入这个项目,最好时时刻刻都抓紧打字,但我却用尽一切理由和机会来逃避它,最后甚至完全将它丢在一边。我试图通过对自己说"我应该完成这篇文章"来激励自己,但我依然逃避打字,这种逃避带来的内疚感也一直萦绕在我的脑海中。我这是怎么了？

几个月后，我当小学教师的妹妹打来电话说，她正在尝试运用思维方式的理论进行课堂教学。这让我想起一位心理咨询师同行，她曾跟我分享，当她尝试对来访者使用思维方式理论时，她在实际应用方面遇到了困难。然后我还想到了自己的来访者，他们想要阅读更多关于思维方式的书籍，了解更多关于思维方式的知识。就在那天晚上，我顿悟了。我应当编写一本工作手册，"手把手"地指导大家使用认知行为疗法来建立健康的思维方式。这样，人们就可以学会使用一些实用而有效的工具，来保持成长型思维。这个想法让我感到非常兴奋，并让我浑身充满力量。第二天早上，我开始陆陆续续地记下一些想法，哪怕其中很多想法有些杂乱无章。在接下来的几天里，我都全情忘我地疯狂码字，有时在电脑上，有时在任何可以写上字的东西上，比如信封的背面。哪怕是在接待来访者的间隙里，或是在午休前，我也会赶紧写下几个字。甚至在我从办公室开车回家的路上，只要灵感乍现，我就会赶紧把车停在路边安全的地方，以捕捉突然冒出的灵感火花。为此，我给卡罗尔发了一封电子邮件，说我不想只是为学术期刊写一篇专业性很强的学术论文，这种方式的受众有限。我想写一本老少咸宜的自助读物。尽管这本读物是以思维方式理论和认知行为疗法的学术研究为概念基础，但我期待这本读物能成为一种唾手可得的工具，来帮助人们改变和进步。

卡罗尔对这个想法也做出了热情的响应。在接下来的一段时间里，我的工作进展得十分顺利。尽管咨询工作已经安排得满满当当，但我很快就写出了一份全书大纲和一份长达 8 页的章节初稿。我无比坚定，注意力高度集中，感到热血沸腾。我的工作态度端正了，我的效率提升了。我正处于一种成长型思维的心流中，我深深地沉浸在这项新的事业里，尽管有些想法还没有完全成形，但我如痴如醉、全情投入，这与我在撰写学术期刊文章时的感受和行为形成了极其鲜明的对比。当我将这两种状态进行比较时，我意识到，在我逃避写作时，我已经陷入了一种固定型思维之中。

我发现自己陷入固定型思维之中的警示标志是什么呢？我下意识地计划，要向一本学术期刊投出稿件，因为我感觉这很简单、很安全，但也很无聊。我非常懂如何为学术圈的读者们撰写出他们喜欢的学术论文和著作，我很擅长做这件事。我可以借此又一次向我的同行（和我自己）证明，我是一名非常专业的学术研究者，一名高深的理论思想家，应该受到业内的尊重与敬畏。比起写现在的这本书，我觉得那是一件不那么难但也不那么有趣的事情。然而，当我开始全情写作，为写书这个风险更高的工作目标努力时，我却感到无比振奋，这是一个机会，让我作为一名心理学家和一名作家来学习不同的新鲜玩意，并获得进步的机会。

但这个事件只是我成长旅程的开端，这也只是我与数不胜数的、被固定型思维主导的人的初次相遇。在撰写本书的过程中，我既没有一直拥有成长型思维，也没有一直顺利地持续向前推进。尽管我已经对这个过程开展过许多年的研究，但我还是发现，自己表现出了一些固定型思维主导下的想法、感受和行为。然后，就像你在本书中所学习到的一样，在识别出它们的存在之后，我开始使用我的认知行为疗法工具将其转变为成长型思维。

如下是一些我在写书过程中产生的想法，它们是我识别出自己存在固定型思维的线索，以供你进行参考：

我是否具备了相应的能力或特质？

如果我不去写学术论文，那么我的督导贝克教授会怎么看我？

我的许多同事都已经出版了著作，数量还往往不止一本，我已经远远地落后了。

如果我成功了，却不得不面对科尔伯特（译者注：指斯蒂芬·科尔伯特，美国知名脱口秀主持人）这样的人，那么我该怎么办呢？

如果这本书不够好，那么我该怎么办？它理应十分完美。

专心写出一本书不仅需要花费非常多的时间，而且非常困难。我需要时间来做我喜欢的其他事情。

如果我写的书一直没有机会出版，那么我该怎么办？

如果它出版后没有人读，那么我该怎么办？

如果评论家把它批评得一文不值呢？

如果它充满了错误呢？

我要以什么身份来写这本书呢？

如果全世界都在高度关注这本书，那么我该怎么办？如果全世界都不关注这本书，那么我又该怎么办？

伴随着这些想法的，还有固定型思维主导的感受和行为。例如，一坐在电脑前开始码字，我便会感到不安和紧张，然后就开始干别的无关紧要的事情，比如翻翻电子邮件、查看天气预报、寻找前往新奥尔良度假的便宜机票、向《纽约客》漫画配文大赛投稿等，这些都是和写书全然无关的活动。有时我也会疯狂地码字，直到卡在书中的某一部分，我会对自己没有取得足够的进展而感到沮丧，还连带着把待办事项清单上的其他事情，比如整理办公室、粉碎旧文件等让人立即成就感十足，但又不像写书那样重要而紧迫的琐事也一并拖延了数周。在写书过程的后期，我把书稿发给朋友和同事征求意见，同时又开始忧心忡忡，心想着现在还没有形成完美的定稿。最后，我因为担心成稿不够完美，便推迟了几个月才向出版商提交终稿。我的意思是，尽管我一直全身心地投入在这本书的写作之中，但我并不是一直靠着成长型思维一路势如破竹、顺利前行的。

现在，我想让你重新回顾一下，你在自我成长的过程中所面临的一些考验。这将帮助你习惯去观察你在面对挑战时会做出什么样的反应。

固定型思维是你成长过程中的拦路虎吗

让我们一起来探索，固定型思维是如何在你追求自己珍视的目标的过程中成为阻碍的。回想一下，当你对生活中的某个方面，比如学校、工作、人际关系或你自己本身感到不满时，你试图做出改变以获得自我成长的经历吧。这段经历可能是你刚申请了一份有趣但富有挑战性的工作，或是你试着开启了一段前路不明但新鲜刺激的爱情冒险。现在，再来重现你在追求目标的过程中遇到阻碍的那一时刻。例如，尽管你为面试做了充分的准备，却收到了一封冷冰冰的拒绝信，或者恋人在相处了几个月后提出，你们还是做好朋友更合适……每个人都曾有过类似的经历。回想一下那一时刻，你为了极其珍视的事物而全力奋斗，却遇到了一个阻碍，它一下就把你打倒在地。回想一下，在那次挫折发生的时候，你曾升起过的希望。你的希望是什么？当时发生了什么？谁在你的周围？那一刻，你的感受、想法和行为是怎样的？下面的练习将帮助你更好地观察你对这些意料之中的生活挑战所做出的反应。

请在横线上回答以下问题，以探索固定型思维是如何在你追求自己珍视的目标的过程中成为阻碍的。

1. 你是否发现自己对生活中的某个方面，比如你的学校、工作、人际关系或你自己本身感到厌倦或不满呢？请对这种情况进行具体描述。

_____

2. 当时，你是否挑战过自己，去尝试一些可能会让你感到有点担心和紧张，却能获得自我成长的新鲜事物呢？如果是，那么你尝试了什么？当你在面对这项可能会让你获得重要自我成长的全新活动时，你的想法和感受是怎样的？

_____

3. 你是否发现，尽管你非常珍视获得自我成长的机会，但你有时仍然偏离了正轨或逃避了挑战呢？也就是说，当你试图去改变或发展自己以获得成长时，你曾遇到了哪些障碍？闭上眼睛，试着想象一下这些障碍。尝试着用下面的一系列问题作为指导，来对该种情况进行具体描述。

你是否担心自己会被评价？如果是，那么谁会评价你？

_____

你在意或尊敬的人批评过你吗？他们说了些什么？在他们的话语中，哪些是对你有用的部分？这让你感觉怎么样？你是如何进行回应的？

_____

你担心自己不够好吗？

_____

你犯了错误吗？如果是，那么这个错误是什么？你对于这个错误的感受和想法是什么？之后你采取了什么行动？

_____

在你做你真正看重的事情时，你是否质疑过自己所付出的努力？你是否焦虑过，认为这件事原本应当进行得更容易，就像其他人那样轻松呢？那些其他人又是谁呢？

_____

你有没有把自己和别人进行过比较呢？你用来进行比较的对象是谁？

_____

你停下来思考过自己所获得的进步了吗？你有什么想法？你觉得你的进步如何？发生了什么事？

_____

4.你是否曾经放弃过一个新鲜有趣且有助于你自我成长的事物呢？当时发生了什么呢？

_____

是否有些情绪阻碍了你的自我成长？这些情绪是什么？

_____

你有没有想过，这将会是一场多么艰难的斗争？对于这场斗争，你有些什么感受？你想对自己说些什么？

_____

你是否担心别人比你更强？那些人是谁？

_____

你会担心别人对你进行评价吗？谁会评价你？他们会怎么评价你？当你想到他们可能做出的评价时，你会有什么样的感觉？

_____

你是否担心达不到自己的标准？你的标准是怎样的？

_____

你会担心犯错吗？这些错误是什么？

_____

5.尽管拦路虎就在前方,但你依然能继续前进。试着想象一下,什么样的情况能让你做到这一点?

___

你是如何鼓励自己的?

___

你是如何克服消极情绪的?

___

你是否会寻求他人的支持呢?谁会支持你?他们说了些什么,或是提供了什么帮助?

___

你是如何处理自己的错误的?

___

你是如何将自己与他人进行比较的?

___

你是如何应对评价的?

___

记住,每个人在奔向人生目标的过程中,都难免会产生或多或少的固定型思维。即使前进的道路布满了荆棘和阻碍,你也不要心生畏难情绪。跨过阻碍的关键是,你要能识别出固定型思维,而本书将帮助你做到这一点。它将为你提供披荆斩棘的工具,让你重新回到成长的正轨之上,并大步向前迈进。

如何使用本书

这是一本手把手地教你转变思维方式的操作手册。我将成为你的教练,你将学习如何去识别固定型思维,知道它会在何时阻碍你,以及你该如何去应对,并将其转变为成长型思维。本书中使用到的理论知识基于亚伦·贝克(Beck, 1976; Beck, Rush, Shaw and Emery, 1979)开创的策略和技术,并融合了其他基于实证研究被证实有效的认知和行为技术(Young, Klosko and Weishaar, 2003; Persons and Tompkins, 2007; Hayes and Lillis, 2012; Hofmann et al., 2010; Kaplan and Tolin, 2011; Leahy, Tirch and Napolitano, 2011),经过专门修订而成,以帮助你更好地改变不良的思维方式。

固定型思维就像在某些情况下会自动触发的习惯。例如,有些人在社交场合遇到其他吸烟者时,就会有一起来一支的习惯。当他们聚在一起时,他们就会有一种吸烟的冲动,认为此刻自己的手上必须要夹着一支烟才应景,然后就会自然而然地从口袋里掏出烟盒来。与之类似,某些情况会通过自我限制式(self-limiting)的想法、感受和行为来引发固定型思维。虽然你在这种情况下也可能感觉很好,暂时没有什么令人害怕的情况发生,但固定型思维正在侵蚀你,并阻止你以对你真正有益的方式实现自我成长。本书中的认知行为疗法练习将帮助你识别出习惯性的固定型思维,并将其转换成促进你成长的想法、感受和行为。

为什么要使用认知行为疗法?这并不是因为固定型思维是一种精神疾病,也不是因为它需要治疗。认知行为疗法经常被用于缓解抑郁症、恐慌症甚至精神分裂症等(Leahy, 2004; Hofmann et al., 2012),但你不必担忧,认为自己也患上了这些疾病。我之所以使用认知行为疗法,是因为它是一种功能强大且被证明有效的方法,它能帮助你做出对你来说很重要的改变。

本书将为你提供一个认知行为疗法工具箱,当你在冒险之旅中遇到困难时,它将帮助你摆脱固定型思维的困境,并让你的技能得到提高,品质得到发展。要想得心应手地运用这些工具,你需要努力地进行反复练习。在这个过程中，你可能会说："算了吧。这太难了。我宁可止步不前，宁可留在原地。"但有了这张成长流程图和这个认知行为疗法工具箱，你就能富有智慧并充满斗志地去勇敢追求自己的目标。即使你在努力奔跑的过程中可能会看起来有点傻气，即使你离目标可能还很远很远，你也知道在前进的道路上，必然是鲜花与荆棘并存，你会将挫折视为学习和成长的机会。你会将他人视为潜在资源，而不是高高在上地对你的潜力和价值指指点点的判官。你会更加欣赏自己，即使你可能还没有完全实现目标，你也会为自己的进步感到骄傲。

总结

无论你的能力如何，这两种思维都会对你的社会生活、个人生活或工作方面的目标和成就产生惊人的影响。

固定型思维是指认为自己的能力或品质是固定不变的，它们可能高，也可能低，但你几乎无法对其进行改变。固定型思维会让你：

- 避免挑战，选择安全或简单的任务
- 逃避挫折
- 隐瞒错误并担心犯错
- 避免向他人寻求帮助，以免暴露不足之处

成长型思维指你生来可能具备某种特定的能力或品质，且你相信自己可以不断地去提高自己的能力或发展自己的品质。成长型思维会让你：

・迎接更多挑战

・在面对困难时变得更有韧性

・适应错误并从错误中学习

・将他人作为导师或资源

从固定型思维转向成长型思维，这会对你的生活产生巨大的影响。但是，理解了成长型思维的重要性，并不意味着你就拥有了保持成长型思维的能力。一不小心，你可能就会回到那些旧习惯中去，而这些旧习惯会对你珍视的技能或品质的发展和你的成长形成阻碍。

固定型思维通常很难被察觉，但一些具有共性的想法、情绪和行为表明了它的存在。这意味着你可以通过这些蛛丝马迹将其识别出来，并使用认知行为疗法工具将其扭转，以便你回到发展和成长的轨迹上来。本书将会伴你左右，帮助你在奔向心之所向的目标的冒险之旅中一直保持成长型思维。

第 2 章
成长型思维能为你做什么

CHAPTER 2

固定型思维会蒙蔽你的双眼，让你无法真正地追求你所珍视的东西，即使在大多数方面你看起来是成功的。而且，表面上看起来成功并不一定意味着你总是能不断获得成长，或是真正地感到满足。以经常出现在公众视野中的著名影星马修·麦康纳（Matthew McConaughey）为例，他凭借电影《达拉斯买家俱乐部》斩获了 2014 年奥斯卡最佳男主角奖。客观地说，不管带不带粉丝滤镜来看，麦康纳作为一名演员，在其获得奥斯卡奖之前就已经称得上非常成功了。他英俊帅气、观众缘好，曾出演过的一系列浪漫喜剧都堪称经典之作，他还有一位可爱的妻子和几个年幼的孩子，可以说他在各方面都显得十分完美。

然而，正是这位演艺事业顺风顺水、家庭生活甜蜜幸福的演员，却努力地去让自己呈现毁容式演出，以寻求颠覆性突破。在过去的演艺经历中，麦康纳主要扮演在海滩上嬉戏玩乐、大秀 8 块腹肌的阳光男孩，展现的形象健康而性感。但他却在《达拉斯买家俱乐部》中颠覆了这样的形象，他扮演了一个因受艾滋病折磨而形销骨立、颓废不堪的恐同牛仔。这是一种什么样的情况呢？从我们的角度来看，他对自己的生活进行了评估，根据自己看重的目标评估了自己对事业的满意度，从而认定自己在演艺生涯中可以有另一种成长方式。尽管这样的转型对擅长扮演浪漫喜剧小生的麦康纳来说风险重重，但他需要去完成一个像这样的严肃角色，来证明自己是一个真正的实力派男演员。

2014年，李·科恩（Lee Cowan）在哥伦比亚广播公司（CBS）的一档节目中对麦康纳进行了专访。在这次访谈中，麦康纳描述了自己从爆米花电影明星到奥斯卡奖得主的心路历程："到底是什么改变了我呢？我那时的工作干得不错，我也挺享受干这行的。我的家庭生活更是滋润，它比我的职业成就更让人欢喜。但我却说，我必须让这样一成不变的生活到此为止……要做的第一件事就是对我正在做的事情说不。我和妻子在这方面达成了共识。我们聊道：ّ看，我们现在经济状况不赖，但以后还得继续生活。可能接着得过一阵紧巴巴的日子，我们也不知道这种情况会持续多久。'我们在当时其实感到有点恐惧，我们不知道要过多久的苦日子，但我想要往生活里加点料，让自己做出点改变。我想出演一些能颠覆自我的角色，一些哪怕低到泥里且让我不太舒服的角色。"

而就在那两年时间里，麦康纳拒绝了那些在他舒适圈内的剧本，转而出演了许多和自己过去的形象有着极大反差的角色。他在电影《杀手乔》中出演了一名复杂多面的雇用杀手，在《林肯律师》中出演了一名行事乖张的雅痞律师，在《污泥》中出演了一名巧舌如簧的古怪逃犯，在《魔法麦克》中出演了一名每天数钱数到手软的脱衣舞俱乐部老板。

麦康纳认为自己是个"去标签化"的人，他活在当下，更关注自己此时此刻的体验。"我发现，如果我对自己正在做的事情是坚持而热爱的，那我就会一往直前，不求回报。我真的已经有一段时间没有去考虑收获如何了，但是，更多的收获却向我迎面扑来（Cowan，2014）。"在接受这个采访的时候，麦康纳已经凭借电影《达拉斯买家俱乐部》获得了奥斯卡奖提名。为了演好这部剧本曾被制片人拒绝过137次的电影，麦康纳在4个月内自虐式地减掉了近43斤。

所以，我们看到了这位演员的现在，经过一系列充满冒险的角色选择，他将自己从一名光鲜亮丽的花瓶小生打磨成了一位实力派老戏骨。我们究竟是该说固定型思维让这位本该更早闪耀的巨星大器晚成，还是该说这样冒险走出舒适区而获得成功的经历其实正是一种典型的成长型思维的表现呢？这就启发我们，衡量成功的标准不应该是外表看上去光鲜，而应该是你对自己所经历的感受是怎样的，这是真的，无论你是谁。

若想要发现成长型思维能给你带来什么帮助，首先要做的是对你自己的生活进行一番审视，去问问自己，你对生活中不同的重要部分的满意度是什么样的？

你想在哪里获得成长

若要继续让这本书伴你成长，你就需要更加重视你的终极目标，并为了你的终极目标兴奋起来。你对自己生活中不同的重要部分的满意度如何？你想改善生活中的哪些领域，来让自己实现全面成长？

例如，有些人对自己的职业成就感到满意，但他们想要改善自己的社交生活，他们可能希望交更多的朋友，或找到一个亲密的伴侣。对于那些正处在一段关系中的其他人来说，他们可能希望改善自己与他人现有的关系。有些人对自己的社交生活感到满意，但他们希望在工作方面有所突破，或者考虑从事不同的工作。有些人更看重身体或心理方面的健康，他们可能想要追求更健康的生活方式，或者想要减轻压力。还有一些人可能希望找到更多兴趣爱好来扩大自己的视野，或者他们想要去做更多的事情来回馈社会。

要真正知道自己想在哪里获得成长或提高，这并非易事，尤其是当你正陷在固定型思维中难以自拔的时候。固定型思维是一种自我限制性的精神活动，它将你牢牢地束缚在自己的安全区内。例如，你可能会发现，和自己在高中或大学时交到的老朋友一起玩耍，要比认识些新朋友容易、轻松得多。这时你可能会说，你每周要工作60小时，谁还有时间去交新朋友呢？扩大朋友圈可能是个不错的小目标，但它绝不是你的目标，因为对你来说，向新认识的人掏心掏肺有点不太舒服。又或者说，你可能不想升职，因为你很擅长目前的工作，觉得目前的工作状态是安全的和可预测的，你认为自己不是个管理型人才。

下面这份生活满意度调查问卷将帮助你确定自己希望获得改善的生活领域，以及你可以在成长型思维的帮助下受益的潜力领域。当你填写这份问卷时，请记住，至少找到一个你想要获得成长的领域，这样你就可以设定一个目标，从而保持不断进步。这个成长目标不一定是要让自己的生活有翻天覆地的变化。当你选择一个不算太大但有点冒险的目标来作为你扩展技能的方向时，你朝着这个目标前进时踏下的每一步，你收获的每一点变化，都会令你在未来追求其他更大的目标时更有力量。也就是说，通过这样一个实现某个小目标的过程，你可以练习如何使用成长型思维和认知行为疗法工具。

这份问卷有3个部分，我将以亚历山德拉的回答为例向你进行展示。

生活满意度调查问卷

第1部分　评估你对生活中不同领域的满意度。想想在你的社会生活、个人生活或工作中，什么东西对你来说是重要的。

在这3个方面的主题下，从 –3 到 3 进行满意度评分，其中 –3 表示非常不满意，3 表示非常满意（0 表示你是中立的）。在你的评分后，具体描述你感到满意或不满意的地方。如果你的生活中还有其他重要的领域不在此列表中，请在"其他"一栏下进行添加。

☆ **社会生活方面**
- 朋友：
- 家庭：
- 伴侣：
- 社区：
- 其他：

☆ **个人生活方面**
- 休闲活动：
- 健康状况：
- 生存环境（家庭/公寓）状况：
- 情绪健康状况：
- 财务状况：
- 业余爱好状况：
- 其他：

☆ **工作方面**
- 职业：
- 志愿者活动：
- 其他：

让我们以亚历山德拉的情况为例，来说明如何对第 1 部分进行填写。亚历山德拉 27 岁，单身，在一家大型律师事务所担任法务秘书一职。在经历了一系列的重大变化后，她最近开始更多地思考自己究竟想要从生活中得到些什么。她最好的朋友刚获得了晋升，并且搬到了另一个城市；她哥哥刚有了第一个孩子，而她的父母也搬到外地去了。于是，她便借助这份问卷来帮助自己更全面地审视自己的生活，并检查自己是否可以从更多的成长型思维中受益。

☆ 亚历山德拉的社会生活方面

- 朋友：0（中立）。我挺享受和现在的朋友共进晚餐或是共看电影的，但我更想念在就读社区大学时认识的那些试图改变世界的朋友，我尤其怀念当年和他们一起参加竞选的时光。
- 家庭：+2（满意）。与父母关系密切。我会想念他们，并与他们保持着密切联系。
- 伴侣：-3（非常不满意）。约会不多，没有稳定的亲密关系。真希望我能有稳定的亲密关系啊。
- 社区：+2（满意）。住在公寓楼里，我也喜欢和邻居一起玩。

☆ 亚历山德拉的个人生活方面

- 休闲活动：+1（有点满意）。喜欢看新上映的电影和阅读推理小说。
- 健康状况：-1（有点不满意）。正在努力保持健康，需要再多吃点蔬菜，少吃点红肉，多去散散步，或在办公室里走动以锻炼身体。但健康食品没那么好吃，走楼梯也没什么乐趣。
- 生存环境状况：-1（有点不满意）。公寓的户型很好，但有点阴暗潮湿。
- 情绪健康状况：+2（满意）。总体良好，没有真正的焦虑或悲伤问题。
- 财务状况：-2（不满意）。需要更好地管理我的财务。我能挣到一份体面的薪水，但似乎攒不下什么钱来应对突发情况或养老。
- 业余爱好状况：+1（有点满意）。养了一只可爱的小猫。

☆ 亚历山德拉的工作方面

- 职业：-3（非常不满意）。当了3年的法务秘书。刚刚得到了老板的表扬，她喜欢我注重细节、善于组织和沟通。但我厌倦了大同小异的重复性任务。我和同事相处得挺好。
- 志愿者活动：不感兴趣。

第 2 部分　找出你不满意的地方。标出满意度为 0 分及以下的项目。仔细审阅这些对你来说很重要，但却让你感到不满意的领域。通过询问自己以下问题，来寻找这种不满意的原因：

· 是否存在某些你认为有趣的活动，但你由于担心失败或认为看起来愚蠢而逃避参与？

· 是否存在某些你认为有价值，或你认为自己可能擅长的领域，但你却避免自己进入这些领域，也避免去尝试拓宽自己的能力范围，因为你不想发现其实自己并不擅长这些领域？

· 是否存在某些活动或情况让你感到安全但无聊？这些活动可能会让你感到自信，通过参与这些活动，你可以表现出自己有能力（或有才华），但你却发现自己有点厌倦这些活动。那么，还有哪些可能更有趣或你更感兴趣但有点冒险的活动？

· 是否存在某些活动，你想尝试它们，但担心自己缺乏能力？

· 是否存在某些关于个人的改变，你曾因本性难移浅尝辄止，并因此感到沮丧，然后放弃了？如果你觉得不费吹灰之力就能实现这些个人的改变，那么你还会重视这样的改变吗？

· 在你的生活中，是否有过对学习新事物感到充满挑战和兴奋不已的时候？是什么活动让你有这样的感觉？你还能回想起那种兴奋感吗？当你在接触新事物时，你还能体验到这种兴奋感（以及一些自然而然地产生的恐惧感）吗？你喜欢这项活动的哪些方面？你现在是否还可以参与类似的活动？

以下是亚历山德拉评分为 0 分及以下的项目，以及她对第 2 部分中问题的回答。

☆ **亚历山德拉的社会生活方面**

· 朋友：0 分（中立）。我考虑过加入当地的环保组织，因为我相信全球正在变暖，并认为这可能是结交新朋友的一种方式。但我犹豫不决，因为我认为自己不适合这种交友方式，也不会被这样认识的朋友认真对待。

· 伴侣：-3（非常不满意）。我尝试过网上交友，因为我的朋友简在网上认识了她的未婚夫。他们只约会了一次就很合得来。我已经赴过 3 位男士的约会，但都是只见一面就再无下文，目前我仍然没有稳定的亲密关系。

☆ 亚历山德拉的个人生活方面

- 健康状况：-1（有点不满意）。我看到一位关系不错的同事会在下班后去上瑜伽课。她喜欢瑜伽，因为瑜伽让她感觉精神和身体都更好了。我认为瑜伽可能会很有趣，但我无法让自己下定决心去报名参加课程。因为我那位同事很瘦。而且如果我穿着自己旧旧的运动紧身裤来做下犬式练习，会显得很蠢。

- 生存环境状况：-1（有点不满意）。我试图对我的整个公寓进行翻新。我计划先把浴室漆成蓝色。开始前我认为自己很擅长做这个活儿，因为我过去经常帮父母修缮家里的房子。但出来的效果真是一团糟：不但颜色不对，墙壁刷出来的印子也横一道竖一道的。之后我便放弃了。要不是有点难以实现，我都要直接买一套新公寓了。

- 财务状况：-2（不满意）。我曾经建过一个储蓄账户，每月存进去 50 美元。在我和朋友一起参加了前往牙买加的轮船之旅后，我便花光了这个储蓄账户里所有的钱。我告诉自己，应当适当储蓄以便有备无患，但要存下点钱实在是太难了。

☆ 亚历山德拉的工作方面

- 职业：-3(非常不满意)。一想到能通过上夜校去考取律师助理资格证书，我就会感到浑身充满干劲，但一想到要再次进入一个班级学习，我就又不由得紧张了。毕竟与班上其他人相比，我离开学校参加工作的时间已经太长了。

第 3 部分　将你的缺憾转化为具体的成长目标。选择一个在你的生活中对你十分重要，但你却感到不完美的领域（社会生活、个人生活、工作方面）。使用成长目标计划表来将你的缺憾转化为具体的成长目标。

成长目标计划表

说明：在本段说明后列出的横线上，首先写下一个成长目标，然后写下你朝着这个目标迈出的第一小步是什么样的，接着写下在迈出第一小步后任何让你感到不舒服的感觉，最后写下你计划实现这一目标的时间。最多设置 3 个不同的成长目标。

成长目标：_____

选择一个领域（社会生活、个人生活、工作方面），在这个领域实现成长和提高，你能获得满足感。设置一个可能会让你感到干劲十足、兴奋不已的成长目标，尽管当你想起这个目标时，你也许会因为害怕失败而感到有些紧张、不安、焦虑，甚至充满恐惧。

第一小步：_____

你可以迈出怎样的一小步，来作为你在这一领域中成长或改善的开始？你能想象自己迈出的这一小步是什么样的吗？如果不能，那你是否需要在正式行动前迈出另一小步作为开始呢？想象在某个特定的时间节点迈出这一小步。这一小步必须是一个让你感到有点不舒服或有点不安的一步。

不安心情：_____

描述是什么让你对迈出第一小步感到不舒服或不安。它可能是一种感觉或一种想法。尽管你感到不舒服，但还是要迈出这第一小步。

达成第一小步的时间：_____

在日历上写下你达成第一小步的时间。你既可以用纸质的日历，也可以用手机上的日历，只要你能随时随地看到日历上的提醒并立即采取行动即可。

---

1. 成长目标：A
第一小步（可视化）：
不安心情：
达成第一小步的时间：

2. 成长目标：B
第一小步（可视化）：
不安心情：
达成第一小步的时间：

3. 成长目标：C
第一小步（可视化）：
不安心情：
达成第一小步的时间：

为了说明如何将你的缺憾转化为具体的成长目标，让我们以亚历山德拉为例，看看她的成长目标计划表是如何填写的。

1. 个人生活方面
成长目标：增强体能。
第一小步（可视化）：报名参加瑜伽课程。
不安心情：害怕看起来愚蠢。
达成第一小步的时间：明天的午餐时间。

2. 工作方面
成长目标：通过参加一些夜校课程来提高自己的技能。
第一小步（可视化）：研究在线课程，寻找可行的选择。
不安心情：因为自己是班上年纪最大的而感到尴尬。
达成第一小步的时间：本周日上午。

3. 社会生活方面
成长目标：扩大我的朋友圈。
第一小步（可视化）：参加当地高校组织的环境小组会议。
不安心情：担心不能融入集体。
达成第一小步的时间：参加下周四晚上的会议。

现在，你已经确定了一些需要改进的领域，以及该如何朝着改进方向迈出第一步。祝贺你，你正走在成长的大道上。

或许你此时还没有开始填写以上调查问卷和成长目标计划表。如果你和我指导过的许多人一样，那么你可能会因为感觉这太费力了而跳过上面的练习。没关系。改变确实需要努力，成长必然经历疼痛。现在再回去完成你的评分并回答相关问题还为时不晚。记住，你做这一切的目的，是在你生活中的某个领域实现成长，这种成长会让你感到干劲十足、兴奋不已。这些问题可能很难解决，但它们正是你成长中必须经历的一部分，只要你开始直面它们并与它们搏斗，然后迈出第一小步，你就走上了拓宽和丰富你生活的大道。

总结

即使是看起来非常成功的人，也可能对其生活中的某些领域感到不满意，并能从成长型思维中获益。你可以使用生活满意度调查问卷评估你对个人生活、社会生活或工作方面的满意度，并拓展自己、提升技能。此问卷可用于：

- 评价你对生活中不同领域的满意度。
- 确定你希望改进或发展的领域。
- 将你的不满转化为具体的成长目标。

从这里开始，你可以计划并开始朝着目标迈出第一小步。

第3章
如何用成长型思维替换固定型思维

CHAPTER 3

在你通往成长目标的旅途中，处处充满了潜在的危险。这是因为固定型思维在你的思想中占据主导地位，让你产生了一种生活总是难以获得满足的消极反应。在面对各种令人沮丧的状况时，你将如何保持成长型思维的小火苗永不熄灭呢？为了能持续以成长型思维应对生活，你需要精准识别出固定型思维主导下的那些像拦路虎一样阻碍你成长的想法、感受和行为，然后用成长型思维主导下的想法、感受和行为取而代之。这一步是至关重要的，因为当你陷入一种固定型思维之中而难以自拔之时，成长型思维可以成为将你一把拉出泥潭的牵引力。如果你能理解并喜欢上自己的成长型思维，那么你就可以为自己多创造出一个有建设性的、有益的选择。也就是说，一旦你发现自己正被困在某种固定型思维之中，你就可以立马通过成长型思维创造出一根救命的绳索，然后拉自己一把。

成长型思维是一种用另一种方式看待自己和自己的品质的思维框架。这有点类似于你进入了一个异世界中。在那里，你对自己的能力、错误、挣扎和挫折，以及对他人的看法都会发生变化。多么奇怪啊，此时你开始将障碍视为机会。你就像是一个经验丰富且具备成长型思维的滑雪运动员，在遇到一个大雪丘时，不但不会惊慌，还会将其视为一次提高滑雪技能的好机会。

当你面对困境，或是在前进的路上遇到障碍时，你将学会仔细审视自己的想法、感受和行为。你将学会辨识出固定型思维，然后通过调适，将其转变为成长型思维。

在奔向自己成长目标的旅途中，你可能会遇到什么样的风险呢？来看看亚历山德拉在实现自己成长目标的过程中所面临的一些问题吧（参考第2章她在成长目标计划表中做出的回答）。我在写这本书时也遇到了一些问题，我同样会在这里向你呈现出来。

亚历山德拉：

- 在我的第一次律师助理课程考试中，有几个问题我一个字也答不上来。
- 我的第一堂瑜伽课比我想象中要艰苦和费力得多。
- 在辛辛苦苦花了两个周末粉刷我的公寓后，我意识到自己才完成了大约整个工作量的四分之一。

我：

- 在拟好本书的大纲后，我发现这才只是本书撰写工作万里长征的第一步。
- 我听说有位同事已经出版了9本心理自助读物。

我认为，这些情况就像是你奔向终点的道路上突然出现的一个个陷阱。正如亚历山德拉和我的情况一样，当你正竭尽全力朝着你渴望达到的目标狂奔时，砰的一声，你就掉进了一个陷阱里，一时半会儿爬不出来，这个陷阱就是固定型思维。有以下6种情况可能会导致固定型思维产生：

1. 面对有价值但具有挑战性的任务
2. 正在经历的任务很难
3. 评估进度

4. 犯了错误

5. 被他人尤其是权威人物赞扬或批评

6. 听到同辈群体的成功或失败

亚历山德拉和我在前面描述的情况中遇到了什么样的陷阱呢？请参考我在前面列出来的6种情况。

以下是参考答案。亚历山德拉面临3种不同类型的陷阱："犯了错误""正在经历的任务很难""评估进度"。而我则面临两种类型的陷阱："面对有价值但具有挑战性的任务""听到同辈群体的成功或失败"。

在实现成长目标的过程中，可能会遇到一些障碍。在代入自己情况的时候，请你参考以上提到的6种可能会导致固定型思维产生的情况。想象或回忆一下类似的情况，在下面的横线上写出两条来：

_____

_____

在你前进的道路上，像这样的陷阱可能会引发一连串固定型思维主导下的想法、感受和行为，从而让你偏离正轨。你需要小心留意这些陷阱的存在，就像司机需要始终保持警惕，以提防路上可能发生的危险一样，比如当看到一个球滚到马路中间，或是看到大卡车要变道加塞时，司机就会变得更加专注。像这些经验丰富的司机一样，当你看到自己的成长型思维面临威胁时，你要学会放慢速度，停下来观察一下，看看自己此刻的反应是什么样的。如果要用成长型思维代替固定型思维，那么就要学着监控自己的反应。

让我们来看看另一个例子。假设你的成长目标是在职业生涯中取得发展，而你的上司给你打出的绩效评分却低于公司的平均分。那么，此时你的成长型思维所面临的挑战是什么呢？设身处地去想象一下，自己在得到这样的评分后的样子。你的脑海中可能会出现各种画面，包括老板对你拉长的臭脸、高绩效评分同事们充满欣喜的言辞以及你对这一切的反应。你会如何做出回应？你感觉如何？当你正满心希望获得晋升时，却猝不及防地收到如此令人失望的评分，你会有何感想呢？你会：

1. 感到愤懑和不平，从此对上司有多远躲多远，并认为他有眼无珠，根本不知道你有多努力。然后到处跟同事抱怨你的上司。

2. 感到尴尬和羞愧，心想："我失败了，我要被炒鱿鱼了。"然后不管是对你的上司还是同事，全都躲得远远的。

3. 首先感到有点担心，接下来去想："我的弱点具体是在哪些方面？我的上司对我有没有做出任何积极的评价？在下次绩效考核之前，我该如何做出改进？"最后行动起来，从你的上司和其他人那里寻求额外的信息，以便自己做出改进。

不同的人可能有不同的反应，一些人最初可能会做出固定型思维主导下的反应（比如1或2），然后转变为成长型思维主导下的反应（比如3）。对有些人来说，他们能很快做出这种转变，而对另一些人来说，这种转变的发生则要慢得多，或者根本不会发生。

6种常见的固定型思维及其解决办法

当你掉进一个陷阱时，你最好立即分析出自己此刻的思维方式并进行调整。即使你是一个具备成长型思维的人，突发的艰难情况也可能会让你掉进某种固定型思维陷阱，你需要根据警示信号来判断自己是否陷入了固定型思维。在固定型思维的主导下，你的思考方式会让你偏离正轨，并让你变得畏惧、退缩。如果你能识别出自己的固定型思维，并用成长型思维取而代之，你就能继续步履轻快地向前奔跑。

让我们再次回到亚历山德拉的例子。在大部分情况下，她是用成长型思维去对待自己的律师助理课程的,她认真上课,仔细研读相关阅读材料,认真完成家庭作业,并为第一次考试而努力准备,这一切看起来都是那么顺利。但在参加考试时她卡在了一道考题上,一个字也答不上来。此时,亚历山德拉的心中所想对应的就是她当时的思维方式。如果此刻她陷入了固定型思维,那么她会怎么想呢?

你应该不难看出,如果她此时的想法是"我不够格成为一名律师助理",那么这个想法就会让她丧失钻研阅读材料的动力;如果她的想法是"其他人都在这次考试中顺利通过,只有我挂了",那么这个想法就会让她感到尴尬,甚至退出课堂和互助学习小组。

你可以准确地辨识出亚历山德拉的固定型思维,因为它属于以下6种模式之一:

1. 面对具有挑战性的任务时,对自己做出非黑即白的判断
2. 任务难以完成时,消极看待自己的一切努力
3. 用过分追求完美的评价标准评估自己的进步或表现
4. 对自己的错误进行不切实际的放大或最小化
5. 面对赞扬或批评时,将他人视为至高无上的判官
6. 听到同辈群体的成功或失败时,非要与其进行竞争性比较

让我们回顾一下亚历山德拉关于考试这部分的想法,你能发现其中的思维方式吗?对于这些模式中的任何一种,都存在运用成长型思维逐一攻破的解决办法。通过下面的实例,我会向你说明如何运用成长型思维替换固定型思维,你可以使用它们来解决生活中出现的相应情况。

1. 面对具有挑战性的任务时,对自己做出非黑即白的判断

这是固定型思维出现的一个警示标志。如果你相信自己万事俱备,那么

你就会对自己做出完全肯定的判断；如果你认为自己有所欠缺，那么你就会对自己做出完全否定的判断。无论是以上哪种情况出现，都表明你是在以固定型思维的方式处理问题。

先来复盘一下你之前关于自己的所有非黑即白的想法吧，不要忘记，这些想法可能是正面的，也可能是负面的。以下给出的判断性词语是关于非黑即白的评价的示例，请逐一看自己在面对挑战时是否产生过下列评价，并加上你的其他自我评价。

☐ 愚蠢 / 智慧

☐ 笨蛋 / 天才

☐ 差劲 / 最好

☐ 失败者 / 成功者

☐ 羸弱 / 强大

☐ 人微言轻 / 位高权重

☐ 不负责 / 负责

☐ 无聊 / 有趣

☐ 缺乏吸引力 / 充满吸引力

☐ 缺憾 / 完美

☐ 坏人 / 好人

☐ 懦夫 / 英雄

☐ 无名之辈 / 名声在外

☐ 低人一等 / 高高在上

☐ _____

成长型思维主导下的解决办法：对当前技能或品质进行分析

当你用成长型思维应对一项即将到来的充满挑战性的任务时，你的注意力便不会放在这样做对自己是好还是坏的评价上，你会一门心思想着如何发展。当你对自己目前所处的情境和具备的技能水平进行了准确的评估后，你就可以制订计划，并采取切实可行的步骤进行改变了。你也许会忍不住一直问自己："事情进展如何了？我可以做些什么来获得更多进步？"然而，我们的关注重点应当是此时此刻，应当是手头的任务或与他人的联系。记住，成长型思维不是对你的技能进行不切实际的积极思考，而是对你的技能水平进行仔细的分析，不论水平是高还是低。固定型思维主导下的想法集中在对自我的评价上，并以"我做的是否足够好？"这样的问题体现出来；而成长型思维则体现在以下的问题表述方式中："我目前的技能是什么？我要如何提高呢？"下面的例子呈现了在面对具有挑战性的任务时，固定型思维和成长型思维的不同表述方式。对比这两种表述方式的区别，并仔细进行体会，是对自己进行评价，还是进行技能分析并聚焦于如何提高技能。

固定型思维主导下的表述方式：当一个人走进他的花园时，看到杂草丛生，他心想："我真是个糟糕的园丁，竟然让这些杂草如此疯长，它们都失去了控制。"

成长型思维主导下的表述方式：当一个人走进他的花园时，看到杂草丛生，他心想："我喜欢这个花园，但是这些杂草长在这有点不太好看。我该如何解决这个问题呢？看来我之前没有花太多工夫来除草，所以我要怎样才能挤出更多时间来除草呢？野蓟似乎是一种特别难根除的杂草，所以我应该上网搜索一下，查找一些治标又治本的解决方案。"

你应该不难发现，这个人在此所做出的评价是现实的。他觉得杂草长在花园里不太好看，并且他的花园需要获得更多的关照。在成长型思维主导下的想法中，重点不是去批判自己"真是个糟糕的园丁"，而是意识到他珍爱自己的花园，并接着去分析自己应该如何提高园艺技能。

固定型思维主导下的表述方式：一位求职者收到了她梦寐以求的咨询公司邀请她进行第二轮面试的电子邮件。她对自己说："我可真是个天才。我已经搞定这个职位了。"

成长型思维主导下的表述方式：一位求职者收到了她梦寐以求的咨询公司邀请她进行第二轮面试的电子邮件。她对自己说："太激动人心了。这是一个很好的机会。我为第一次面试做了充分的准备。我对公司进行了深入研究，也将我的个人技能和公司的岗位需求进行了匹配。现在产生了一些更深入的问题，我认为这些问题对我了解这家公司的文化是否符合我的期望非常重要。现在，我应该为下一轮面试进行哪些准备呢？"

固定型思维主导下的求职者在收到第二轮面试的邮件后，认为自己是天才；而成长型思维主导下的求职者并没有对自己做出任何判断。她对自己得以通过首轮面试的优势进行了具体评估。尽管她明显为受邀参加第二轮面试感到兴奋，但她并不想当然地认为自己一定会取得成功，并开始分析如何能更好地为下一轮面试做准备。这个例子也说明，对自己非黑即白的判断，即使是正面的、积极的，也可能会降低你提高技能的可能性。

2. 任务难以完成时，消极看待自己的一切努力

换句话说，你认为自己越是努力去尝试，反而越显示自己缺乏能力。固定型思维会告诉你，所有好事都应该是自然而然发生的。

仔细思考一下，你自己是如何看待努力这件事情的。以下给出的语句是

在遇到困难时，一个人可能产生的想法的示例，请逐一检查比照自己在遇到困难时可能会产生的一切想法，并加上你的其他自我评价。

☐ 这太难了。
☐ 这本该很容易才是。
☐ 我本该轻松地度过这一切。
☐ 这不应该是一场斗争。
☐ 别让他们看到我紧张出汗。
☐ _____

成长型思维主导下的解决办法：任务难以完成时，积极看待自己的一切努力

有着成长型思维的人珍视付出的努力。当有固定型思维的人认为努力越多，能力越差时，有成长型思维的人知道，你越是努力，你进步的机会就会越大。你必须通过努力才能取得进步，你的所有想法都会围绕这个观念产生。你知道，努力是值得被肯定的，而不应当被贬低。

固定型思维主导下的表述方式：一位建筑师最近熬夜为一位重要客户打造了一个大项目，他从同事那里得到了一些积极的反馈，便对自己说："这只不过是小菜一碟。"

成长型思维主导下的表述方式：一位建筑师最近熬夜为一位重要客户打造了一个大项目，他从同事那里得到了一些积极的反馈，便对自己说："我在这个项目上花费了很多时间和心血，我相信这个结果如实地反映了我的努力。这并不容易，但在这个过程中，我学到了很多，并且我的设计能力也提高了。"

请注意，有固定型思维的建筑师弱化了自己的努力，因为在他的潜意识里，好像你越努力，反而显得能力越差。而有成长型思维的建筑师则承认，这一过程并不容易，并看到了自己所耗费的时间和心血的价值。

固定型思维主导下的表述方式：一位父亲想要和他14岁的孩子建立更亲密的亲子关系，便试着在开车接孩子放学回家的途中聊聊天。但当他问孩子今天过得怎么样时，孩子没有回答，甚至连眼睛也没从手机上移开一下。父亲便想："算了吧，费这老劲干什么。"

成长型思维主导下的表述方式：一位父亲想要和他14岁的孩子建立更亲密的亲子关系，便试着在开车接孩子放学回家的途中聊聊天。但当他问孩子今天过得怎么样时，孩子没有回答，甚至连眼睛也没从手机上移开一下。父亲便想："这不是一时半会儿就能做到的事。当我们同车而行时，他习惯给朋友发发信息，而我也习惯安静地听听广播。我会继续尝试和他建立更亲密的亲子关系。也许我可以问他一个更具体的问题，比如'今天发生的最好或最坏的事情是什么？'，又或者主动和他分享我这一天过得怎么样。总之，继续努力去尝试与他建立更亲密的亲子关系是值得的。"

3. 用过分追求完美的评价标准评估自己的进步或表现

你认为自己的表现并不存在灰色空间，要么好，要么坏，除了这两者，其他什么可能性都没有。此外，在固定型思维的主导下，你通常还会有一种在实现目标方面必须尽快取得进展的紧迫感。因为有固定型思维的人会认为，如果你真的很聪明、很特别或很优秀，那么你的进步应该就会很快，结果应该就会很完美。无论你现在已经身处什么位置，或是你已经走了多远，你都会一直被评估。当你以这种方式评估你的进步或表现时，你可能会经常听到

"足够""应该"和"必须"这样的词。以下给出的语句是一个人在评估自己的进步或表现时可能产生的想法的示例，请逐一检查比照自己在自我评估时可能会产生的一切想法，并加上你的其他自我评价。

☐ 我应该做得更好。

☐ 我做得还不够。

☐ 这还不够好。

☐ 这一定得是完美的。

☐ 这太糟糕了。

☐ 这是最好的。

☐ _____

成长型思维主导下的解决办法：在评估时，每一分都算数

在有固定型思维的人看来，任何的不完美都在表明你不具备足够的能力。而在有成长型思维的人看来，技能会随着时间的推移而不断积累，因此你的进步标准是渐进的。任何进步都是值得肯定的。尽管你渴望不断向前迈进，但你并没有感受到让人无法承受的紧迫感。每一点小小的进步都算数，都是一座小小的里程碑。你对自己表现的认知是很现实的，你接受这样的表现，并对其进行分析，从而寻求改进的方法。你的思考都围绕着这样的问题："我目前的技能水平如何？我该如何循序渐进地向前发展？"

固定型思维主导下的表述方式：一名学生花了两天两夜的时间准备生物考试。考试当天，他告诉自己："我学得还不够。"

成长型思维主导下的表述方式：一名学生花了两天两夜的时间准备生物考试。考试当天，他告诉自己："我已经为这次考试投入了大量的时间。我本来可以再多看一会，但我也要分点时间给我的历史作业。所以，除了像这样尽我所能做到最好之外，我没什么要做的了。等成绩出来，我将会根据情况，考虑如何改进我在这门课上的学习方法。"

固定型思维主导下的学生认为自己学得还不够。像这样的表述方式，是为了确定他是否有足够的能力或足够的某种品质来取得成功。他对自己学习进展的判断，是以一种"全或无"的方式做出的，没得满分的表现就是不可接受的。然而，"足够"与否的标准本身就是在不断变化的。成长型思维主导下的学生则可以根据学习程度，为自己做出现实的评估。

毫无疑问，你总是可以再多投入一点时间去学习的，你甚至可以别的什么也不干，只全身心地投入学习。但在现实情况中，你目前只能花这么多时间去学习。有着成长型思维的学生认为，拿下任何一个小的知识点都是有益的，他会具体地分析学习进度以及将来该如何更好地改善学习方法，提升学习效率。

固定型思维主导下的表述方式：一位年轻女性放假回到家乡，与一大家子亲戚共进晚餐。当她与表妹聊天时，有时候不知道该聊什么好。自从上次回家见了一面后，她就再也没有见过表妹。她心想："是我不够健谈。"

成长型思维主导下的表述方式：一位年轻女性放假回到家乡，与一大家子亲戚共进晚餐。当她与表妹聊天时，有时候不知道该聊什么好。自从上次回家见了一面后，她就再也没有见过表妹。她心想："我和表妹能再次见面是挺开心的一件事。我们已经有一年时间没有好好聊过了，所以我想我们需要一点时间才能重新熟络起来。当我们试着找些共同话题时，出现尴尬也是正常的。"

在这里，我们需要注意的一点是，有成长型思维的年轻女性同样意识到了一些尴尬时刻的出现，但她认为，随着她与表妹继续接触，这些尴尬的时刻可能会减少。与认为"是我不够健谈"的有固定型思维的年轻女性不同，她不但看到了一段关系的重建，并能预计到最初的进展可能会有点缓慢。她知道，与表妹的关系是循序渐进的，她们一起共进晚餐只是重新建立关系的开始。

4. 对自己的错误进行不切实际的放大或最小化

人们通常认为，犯错误可能意味着不够优秀。因此，当你不可避免地犯下错误时，这个错误可能会在你的脑海中被不断放大，甚至成为灾难。固定型思维会使你对错误的后果做出极端的预测。你会将错误视为评价你不够优秀的威胁信号，在这种情况下，当你犯下错误时，你可能倾向于否定、最小化或忽略错误，进而无法分析错误发生的原因。以下给出的词语和句子是关于犯错误时的想法的示例，请逐一检查比照自己在面对错误时可能会产生的一切想法，并加上你的其他自我评价。

☐ 灾难

☐ 毁灭

☐ 糟糕

☐ 可怕

☐ 刻骨铭心

☐ 万劫不复

☐ 它让我活不下去。

☐ 它毁了我的生活。

☐ ＿＿＿＿＿＿＿＿

成长型思维主导下的解决办法：犯错误也是获得成长的机会

对于有成长型思维的人来说，他们可能不喜欢错误，但他们会认为犯错误是意料之中的事。失败是成功之母，犯错误意味着你在磨炼自己的技能。如果你没有犯过任何错误，那你其实就没有接受过任何挑战，这样的你反而可能处在平台期停滞不前。对于有成长型思维的人来说，错误既不会被放大，也不会被缩小，他们会承认错误的存在，并对其进行研究和调查。他们会思考要如何去修正错误。他们会问自己："这是怎么发生的？""我能从中学到什么？""这将如何改进？""下次我可以采取什么步骤？"

固定型思维主导下的表述方式：有一个志在成为销售经理的销售助理，有一次他不慎读错了一个重要客户的名字发音，他懊恼地对自己说："这是多么愚蠢的错误啊。我只能销号跑路了。"或者与之截然相反，这位销售助理可能不会去复盘自己是否花了足够的时间和精力对这位重要客户的个人信息进行了解，而是完全忽略这个错误，权当这件事没有发生过。

成长型思维主导下的表述方式：有一个志在成为销售经理的销售助理，有一次他不慎读错了一个重要客户的名字发音，他懊恼地对自己说："哦，不。这是怎么发生的？我按照她名牌上的名字拼写去拼读发音，但是我的拼读方式并不正确。将来我会和同事们仔细检查客户名字中生僻单词的发音，或者我可以告诉客户，叫对他们的名字对我来说很重要，请他们教我如何念他们的名字。"

有固定型思维的销售助理认为错误是灾难，而拥有成长型思维的销售助理大方地承认了自己的错误，然后制订了计划，以防止未来再次出现类似的错误。

固定型思维主导下的表述方式：一名法学预科生在经济学必修课的期中考试中考了个C，他十分崩溃地对自己说："完蛋了，我永远也进不了法学院了。"或者与之截然相反，这名法学预科生自欺欺人地对自己说："不用担心，我会在下一次考试中取得高分。"

成长型思维主导下的表述方式：一名法学预科生在经济学必修课的期中考试中考了个C，他失望地对自己说："糟了。我应该加把劲考个高分的，这可能会影响我的绩点和我上法学院的机会，但好在这是期中考试。我该做些什么来提高成绩呢？我要去和助教见一面，弄清楚我究竟是在哪个知识点上丢分了。也许我还应该考虑一下，继续去参加上周加入的那个学习小组。"

在这里应该注意的一点是，有成长型思维的法学预科生并不会因为考试失误而产生强烈的情绪。与有固定型思维的法学预科生不同，他既不会将这次考试的影响灾难化（"我永远也进不了法学院了"），也不会自欺欺人地逃避错误（"不用担心，我会在下一次考试中取得高分"）。有成长型思维的法学预科生理智地接受了自己在这次具有挑战性的任务中表现糟糕的客观事实，然后针对这件事对自己未来的潜在影响进行了现实评估，最后为自己制订了一个提高成绩的计划。

5. 面对赞扬或批评时，将他人视为至高无上的判官

当你陷入固定型思维时，你总是对自己的胜任力感到忧心忡忡。尤其在你的重要他人面前，你会一直因为他们的看法而感到焦虑，不知道他人眼中的自己是不是一个有能力的考评对象。他们到底是会对你竖起大拇指，还是撇撇嘴呢？对你来说，他们给你的评价只会是"好"或"坏"，没有诸如"还不赖"的中间地带。而你对自己的评价，也完全取决于他们对你的看法。

你可能还会忍不住地想，别人会在不了解你的情况下一直不停地讨论你、

评价你，你恨不得自己有读心术，你想要钻进他们的心中，看看他们到底是怎么看你的。这种思维方式通常表现为"他们认为我是 _____ 样的"，其中的"____"是人们对你的价值的一种"全或无"的评价。以下给出的语句是面对赞扬或批评时产生的想法的示例，请逐一检查比照自己在面对赞扬或批评时可能会产生的一切想法，并加上你的其他自我评价。

☐ 他认为我是最好的 / 最坏的。
☐ 他认为我很聪明 / 愚蠢。
☐ 他认为我是失败者 / 成功者。
☐ 他认为我很特别 / 无足轻重。
☐ 他认为我很漂亮 / 没有吸引力。
☐ _____

成长型思维主导下的解决办法：将他人视为资源

比起认为别人在讨论你、评价你，你更愿意将重要他人对你的评价视为自己潜在的信息来源。在这样的思维方式的主导下，你会更加聚焦于信息获取和信息收集，并以此来发展和提高你的技能。因此，你会对自己提出问题："我可以从中学到什么？""他们能如何帮助我获得更多技能？""我要如何从他们那里获得有用而具体的反馈？"

固定型思维主导下的表述方式：一位销售人员在会上就最近的销售趋势通过PPT进行了汇报，而主管反馈，他遗漏了一个数据要点。事后，这位销售人员便泄气地对自己说："她一定认为我是个白痴。"

成长型思维主导下的表述方式：一位销售人员在会上就最近的销售趋势通过PPT进行了汇报，而主管反馈，他遗漏了一个数据要点。事后，这位销售人员便严肃地对自己说："这的确是一个数据要点，它会改变我对趋势的预测。我怎么会遗漏这个数据要点呢？下次我该怎么做才能进行更彻底全面的分析呢？我会将这个数据要点纳入后重新进行分析，然后再与我的主管讨论一下。"

有固定型思维的销售人员会纠结于主管对他的看法，而有成长型思维的销售人员则会看到改进的机会。除非主管大声地骂他是白痴，否则他也无法得知主管是否真的这么想他。她可能会做出评价，也可能不会。然而，对于有成长型思维的销售人员来说，主管的个人看法对他的影响不大，因为从她的反馈中收集到有用的信息来进行改进更重要。当拥有成长型思维时，销售人员更善于利用主管的反馈来制订提高自己演讲汇报技能的计划。

固定型思维主导下的表述方式：在公司的鸡尾酒会上，一群年轻的同事正簇拥在一个华尔街交易员身边，听他对汽车行业发表看法。这个交易员不禁飘飘然起来，他心想："这些人把我当作超级明星。"

成长型思维主导下的表述方式：在公司的鸡尾酒会上，一群年轻的同事正簇拥在一个华尔街交易员身边，听他对汽车行业发表看法。这个交易员心想："他们似乎对这个话题很感兴趣，那我也要问问他们对汽车行业的看法。"

值得注意的一点是，在成长型思维主导下，这个华尔街交易员能立即抓住机会，与其他人哪怕是年轻的同事建立联系并向他们学习。而在固定型思维主导下，这个交易员可能会自我感觉良好，把自己当作人群中的超级明星，但他错过了与同事建立真正联系的潜在机会，也可能错过了从不同视角提高交易技能的机会。人们也许会对他做出评价，也许不会。这些评价也许是积极的，也许是消极的。然而，我要再次强调，除非他们直接告诉你，否则你可能永远也不会知道他们真正的想法是什么，因为你没有读心术，无法窥见他们的想法。然而，无论他们的评价是什么，无论评价的内容是积极的还是消极的，有成长型思维的人更善于把自己与他人的互动作为学习的机会。因此，即使对方是最严厉的批评者，如果你能了解到他们为何做出这样的评价，并根据你的改进目标来判断这样的评价是否可取，你也可能从中受益。此外，即使有人对你赞不绝口，当你有成长型思维时，这种赞美也可能毫无价值，除非赞美内容言之有物，能为你提供有助于你精进的具体信息。

6. 听到同辈群体的成功或失败时，非要与其进行竞争性比较

固定型思维会让人将他人作为假想敌，用他人的成败来衡量自己的价值，从而进行不必要的竞争性比较。这是一场假想的竞赛，你认为它决定了你在同辈群体中是否达标：如果他们失败了，你就领先；如果他们成功了，你就落后。当你发现自己对别人的成就斤斤计较时，来看看下面这些关于竞争性比较的语句。记住，比较可能是正面的，也可能是负面的。以下给出的语句是你在听到别人的成功或失败时产生的想法的示例，请逐一检查比照自己在听到别人的成功或失败时是否会产生这些想法，并加上你的其他自我评价。

☐ 我比他好 / 坏。
☐ 我比他更有吸引力。
☐ 我比他强壮 / 虚弱。
☐ 我比他聪明 / 愚蠢。
☐ _____

成长型思维主导下的解决办法：与同龄人进行有建设性的比较

有固定型思维的人会把他人的成败作为衡量自己价值的标准，而有成长型思维的人则会去思索，他人是如何取得这样的进步的。这种具有建设性的

比较有益于我们做出规划，一步一个脚印地实现成长。

当有成长型思维时，你会从他人的一言一行中寻找他们获得成功的蛛丝马迹。当有人比你优秀时，你就会去思考：他们似乎在这方面颇为擅长。这是怎么实现的？他们做了些什么？他们练习了多少次？什么可以为他们所用？他们去找了哪些资源来帮助自己？我可以从他们的经历中学到什么？而当你将自己与那些稍逊于你的人进行比较时，你也有机会向他们学习。你可能会去思考：他们做了什么或没有做什么？他们付出了多少努力？

固定型思维主导下的表述方式：一位年轻女性刚入职了一家高新企业。在与其他新员工一同进行了入职介绍后，她心想："我是这个房间里最聪明的人。"

成长型思维主导下的表述方式：一位年轻女性刚入职了一家高新企业。在与其他新员工一同进行了入职介绍后，她心想："这里有这么多的员工，他们有着不同的个人经历和教育背景。我该如何利用这一机会与他们友好合作并提高我的技能呢？"

当这位年轻女性有成长型思维时，她没有去进行竞争性比较，也没有认为自己是最聪明的人，而是抓住机会进行建设性比较，并希望通过向同事学习以获得成长，她的专注点全在如何向他人学习上。

固定型思维主导下的表述方式：一位单身女性在脸书上看到一位老同学将个人状态更新为"订婚"，于是她对自己说："我那么完美，我也很快就会找到如意郎君的。"

成长型思维主导下的表述方式：一位单身女性在脸书上看到一位老同学将个人状态更新为"订婚"，于是她对自己说："她让我意识到，我也想要进入一段稳定的恋情了。我知道她和我一样，都觉得拥有亲密关系是一件人生大事，所以我想去和她聊聊她是如何遇上那个他的。我知道她对这事挺认真的，她会上一些约会网站，并参加很多社交活动，她还告诉周围的朋友她想要脱单，并让他们都为她物色对象。"

这位拥有成长型思维的女性承认，她的老同学拥有她目前求而不得的东西：一段稳定的亲密关系。然而，她并没有得出"因为她的同学是个完美女性所以理所当然"的武断结论，而是想要了解她的同学做了哪些有益的努力才收获了这样美好的关系。因此，成长型思维会帮助人们积极地收集信息以实现愿望；而在固定型思维主导下催生的竞争性比较，则对获得一段亲密关系毫无帮助。

总之，诸如犯错误或受到表扬这类难以避免的情况，都可能会让你陷入某种固定型思维。固定型思维会不知不觉地把你引向一个看似安全，实则偏离正轨的方向。例如，你可能会为了不被当成蠢材，而不得不去接受某些批评，并因此放弃你所关心的某些事情。你可以通过训练自己去倾听固定型思维主导下的自我对话，来发现什么时候会发生这种情况。你在此需要进行的工作，是去识别那些自动跳出的固定型思维方式，并重新与成长型思维建立联系。

让我们回到那个关于投球技巧的类比吧。教练说过，要想提高你的曲线球水平，就要缩短你的步幅。所以，你需要识别出自己的老习惯——长步幅，然后养成新习惯——短步幅。通过不断用心练习，你就能识别出旧的投球模式，并学会新的投球模式。通过这样不断练习，即便是在压力状态下，你也能正常发挥。接下来的两个练习将帮助你在需要时用成长型思维的表述方式进行自我对话。

练习识别出固定型思维

以下呈现了在不同的生活场景中，人们表现出固定型思维时的典型形象。请在每个形象后给出的横线上，写下他们所表现出的固定型思维。6 种典型的固定型思维如下。

1. 面临具有挑战性的任务时对自己进行"全或无"的评价
2. 任务难以完成时消极看待自己的一切努力
3. 评估表现时给出 100 分或 0 分
4. 放大或最小化错误
5. 收到反馈时将他人视为至高无上的判官
6. 竞争性比较

示例：一位药剂师被她的经理叫进了办公室，因为一位顾客投诉她没有及时开出处方，进而耽误了自己取药。这位药剂师便想："他一定觉得我是个傻瓜，我现在再也没有升职加薪的机会了。"

答案：4、5

在这里值得注意的一点是，要想解决这类问题，一个有效的策略是提问：他们所遇到的会限制成长和发展的情况是什么？在这个示例中，药剂师收到了主管人员（她的经理）的反馈信息。而这位药剂师的想法表明，她把经理当成了一个判官："他一定觉得我是个傻瓜。"她此时的思维方式是，将拥有部分权力的对象视为可以对自己的一切做出任何评价的判官。同时，她也识别出自己犯了一个错误，但她的思维方式却将这种错误夸张地放大，让她认为"我现在再也没有升职加薪的机会了"。

1. 在上午查房时，首席住院医生就病例提出了一个问题，被问到的实习医生答不上来，而另一名实习医生举手回答，给出了正确答案。此时，这名答对问题的实习医生便认为："我是这群实习医生中最好的医生。"

2. 一名年轻男子在约会软件上同时与3名女性进行线上联系。其中一名女性拒绝了他线下见面喝杯咖啡的邀请后，他便想："我是个失败者。杰森才用了两周，就在网上找到了一个恋人。"

3. 一位从战场归来的女兵正经受着入睡困难和做噩梦的痛苦。朋友建议她向心理医生寻求帮助。而她却想："她一定认为我是个怪人。我足够坚强，可以独自处理好这件事，不需要心理医生来分析我。"

4. 一位中提琴手被告知她没有拿到参加社区管弦乐队演出的机会。她对自己说："我的试演是多么糟糕啊。所有的排练都是徒劳的。我根本就不具备成为一名音乐家的专业技能。"

5. 在一次家长会上，一位母亲收到老师的反馈，说她9岁的孩子似乎在完成数学作业时表现不佳。这位母亲便想："她怎么敢这么批评杰克？她难道看不出，我已经尽一切努力去辅导孩子了吗？"

6. 一名刚毕业的大学生在一家高科技企业进行了第二轮面试后收到了拒绝信。他便告诉自己："我对这些高科技企业来说根本就是创造力不足的菜鸟。想要进入这样的企业，我根本就是痴心妄想、浪费时间。"

___

7. 在一次办公室聚会时，一位女士与同事进行了一次长久而愉快的交谈。但当聚会快结束时，那位同事却找了个借口到其他人那儿去了。这位女士便想："是我有什么不好吗？显然我也没有像其他人那样对他兴趣满满，这种办公室社交也许根本就不值得我花费精力。"

___

8. 一名高中生拿到了两所顶尖大学的录取通知书，她是同学中唯一一个同时拿到两封录取通知书的人。她便想："我一直是班上最棒的学生。我可太牛了！"

___

9. 订婚两年后，一位女士的未婚夫取消了婚约，他说自己还没有做好准备。这位女士便想："我真是个白痴。我浪费了两年的宝贵时间，我本来可以和别人约会的。他从来都没有觉得我对他来说是个足够好的结婚对象。"

___

10. 在一名银行经理的年度绩效评估中，领导对她的所有考评项目几乎都给出了积极的评价。她便对自己说："我的才能终于得到了认可。从现在起，我将会一帆风顺地走上人生巅峰。"

___

11. 一名大学三年级的学生花了数月时间备考 MCAT（美国医学研究生院入学考试），然而他的总成绩却不够理想。他便想："我是个糟糕的应试者。这意味着我永远也进不了我最喜欢的医学院了。爱丽丝不怎么用功，她的成绩却很好。如果这次考试考不好，那么我的生活就完蛋了。"

---

12. 一位两个孩子的父亲在一家大型保险公司工作了 31 年，他本以为这是个能干到退休的铁饭碗，却没想到有一天突然被解雇了。他便想："我真是个失败者。我现在该如何面对我的家人？我没有担起顶梁柱的责任，到现在还没有攒下足够的积蓄应对失业。"

答案：

1. 1、3、6
2. 1、3、6
3. 1、5
4. 1、2、3、5
5. 3、5
6. 1、2、3、5
7. 1、2、5
8. 1、3、6
9. 1、2、5
10. 1、5
11. 1、4、6
12. 1、3、5

如果你已经轻松完成了这项练习，那你就太棒了。如果你觉得这很难，那你就得知道，要想识别出这些思维方式，通常需要进行一些练习。

练习识别出成长型思维

现在,在前文的练习中出现过的场景再一次发生了,但这一次,场景中的主角们都用成长型思维进行应对。请注意观察,这些场景中的主角们是如何表现出成长型思维的。请在每个形象后面的横线上,写下他们所表现出的成长型思维。以下是6种成长型思维:

A. 面临具有挑战性的任务时正确分析当前的技能水平

B. 任务难以完成时积极看待自己的努力

C. 评估表现时给出应有的分数

D. 正确分析错误

E. 接收反馈时将他人视为资源

F. 进行具有建设性的比较

示例:一位药剂师被她的经理叫进了办公室,因为一位顾客投诉她没有及时开出处方,进而耽误了自己取药。这位药剂师便想:"我可以理解他们的担忧。为什么我当时没有及时开出处方呢?我耽误了顾客多久?经理对我提高效率有什么建议吗?"

答案:D、E

1.在上午查房时,首席住院医生就病例提出了一个问题,被问到的实习医生答不上来,而另一名实习医生举手回答,给出了正确答案。此时,这名答对问题的实习医生便认为:"看来我答对了。但我也想知道,针对这个病例,其他实习医生是否还有其他的看法?"

2. 一名年轻男子在约会软件上同时与3名女性进行线上联系。其中一名女性拒绝了他线下见面喝杯咖啡的邀请后，他便想："我们在网上交谈不过短短一周，并不是每位女性都愿意立马和我在线下会面的。她是一位有趣的姑娘，也许我该再问问她是否愿意和我先通过电话聊聊。杰森仅仅用了两周时间就在网上找到了女朋友，所以我可以去问问他，看如何才能像他一样迅速地建立起恋爱关系。"

---

3. 一位从战场归来的女兵正经受着入睡困难和做噩梦的痛苦。朋友建议她向心理医生寻求帮助。此时她想："我的朋友正在努力地帮助我走出困境。我认为自己是一个坚强的人，但她却看出了我的挣扎和痛苦。我应该和她聊聊，并了解一下她是否有一些具体的建议或资源，以便帮助我解决睡眠问题。"

---

4. 一位中提琴手被告知她没有拿到参加社区管弦乐队演出的机会。她对自己说："我很失望。我很想成为那个管弦乐队的一员，但生活中处处都能得偿所愿是不现实的。我觉得自己的试演表现不错，我没有任何一个音符跑调。但我或许可以调整一下自己的表演节奏，或许可以尝试表演更具挑战性的曲子，又或许我可以去问问乐团总监，让他对我的试演提出改进的建议。问一问也不会有什么坏处。我的终极目标是和一群专业的音乐家一起演奏，但在此之前，我可能需要寻找更多非正式的机会，多与其他人一起练习。"

---

5. 在一次家长会上，一位母亲收到老师的反馈，说她9岁的孩子似乎在完成数学作业时表现不佳。这位母亲便想："这真是太出乎我的意料了，我以为杰克做得还挺好的。我想知道，老师是否观察到了他有什么不好的学习

习惯？他作业里的优点和缺点是什么？老师对解决他的薄弱之处有什么建议？有什么具体的方法可以帮助他改进吗？"

---

6. 一名刚毕业的大学生在一家高科技企业进行了第二轮面试后收到了拒绝信。他便告诉自己："真遗憾啊，错过了这么一个绝佳的入行机会。我觉得自己在面试中谈到自身优势和如何为公司做贡献时表现不错，但我对于其他方面的回答可能不够完善。面试中有个部分，是关于运用打破常规的思维方式来解决一道难题的，这对我来说有点儿吃力。我想接下来应该在网上搜索一下类似的面试经验帖。"

---

7. 在一次办公室聚会时，一位女士与同事进行了一次长久而愉快的交谈。但当聚会快结束时，那位同事却找了个借口到其他人那儿去了。这位女士便想："这真是一次愉快的交谈。我在走之前应当去跟他要个联系方式，看他是否愿意继续保持联系。多个朋友多条路，这就是在职场中建立人脉的意义之所在。"

---

8. 一名高中生拿到了两所顶尖大学的录取通知书，她是同学中唯一一个同时拿到两封录取通知书的人。她便想："我太激动了。不是每个人都能进入这样的学术殿堂的，我为自己感到骄傲。这都得益于我花了大量时间，来研究哪些学校才是最适合我的，并打磨我的个人简历，参加丰富的课外活动，以及认认真真地学好校内课程。"

9. 订婚两年后，一位女士的未婚夫取消了婚约，他说自己还没有做好准备。这位女士便想："这真令我伤心。但这显然是他的个人选择，和我是否优秀无关。不过，我也很愿意去听一听，看是什么让他改变了想法。如果在过去的某个特定节点上，当时的我或者他做出了不同的处理方式，那么我们的结局会不会不同？在和他相处的这些时光中，我能学到些什么，来让自己在未来过得更好呢？"

10. 在一名银行经理的年度绩效评估中，领导对她的所有考评项目几乎都给出了积极的评价。她便对自己说："能得到这样的评价真是太棒了。我在本职工作中兢兢业业，还主动承担额外的工作来充分发挥自己的能力，这样的评价对我来说是一种很重要的认可，它体现了我在职业生涯中的进步。在未来的职场中，我还需要其他什么技能才能取得更大的进步呢？我应当去找领导聊聊，请她对我进行进一步的帮助和指导。"

11. 一名大学三年级的学生花了数月时间备考 MCAT（美国医学研究生院入学考试），然而他的总成绩却不够理想。他便想："这太令人沮丧了。我没有拿到理想的分数。我在某些部分考得不理想，但在其他部分却考得很好。总体来说，这个分数让我有机会进入备选名单中的一些医学院了。或者我也可以选择复读，再考一次。我应该去向爱丽丝请教一下她的备考方法。"

12. 一位两个孩子的父亲在一家大型保险公司工作了 31 年，他本以为这是个能干到退休的铁饭碗，却没有想到有一天突然被解雇了。他便想："失去这份工作确实是糟糕。再找个新工作还需要一点时间。我为什么会被解雇呢？是我的绩效评估分数不高，还是公司不景气，需要裁员？我会知道原因的。尽管我手头上积蓄不多，但我们一家人一定能齐心协力做好开源节流。尽管我们需要过一段节衣缩食的苦日子，但这样的挑战一定能让我们都更加坚强。"

答案：

1. A、E、F

2. A、C、F

3. A、E

4. A、B、C、E

5. C、F

6. A、B、C、E

7. A、B、E

8. A、B、F

9. A、B、E

10. A、C、E

11. A、D、E、F

12. A、C、E

为了识别出固定型思维和成长型思维，你也可以观察他人是如何应对生活挑战（固定型思维陷阱）的。这些人可以是你日常生活中遇到的真实人物，可以是电影中出现的虚构人物，可以是社交媒体中出现的公众人物，也可以是歌曲中唱到的人物。

问一问你自己：这些人看上去是否能有效应对他们所遇到的生活挑战？以一周为期，尝试在日志中记录这一周内的观察结果。

如何用成长型思维驳倒固定型思维

固定型思维就像一只拦路虎,就等着机会大门敞开之时,跳出来绊你一跤。它会让你深陷不配得感,浇灭你心中升腾跳跃的希望之火。而现在,你可以通过我们在前文中了解到的警示标志,将你的固定型思维识别出来。你要如何去对抗自己强大的固定型思维呢?答案是:坚定自己的立场,并用成长型思维去驳倒它。在本节中,为了能克服固定型思维,并将其转变为成长型思维,你将学习两种特定的工作方法:创建成长型思维工作表和成长训练工作表。

创建成长型思维工作表,旨在帮我们应对固定型思维的 3 个基本组成部分:想法、情绪和行为。在这一章中,我们将着重解决想法部分的问题。在第 4 章中,你将学习到如何使用成长型思维工作表来解决情绪部分的问题。在第 5 章中,你将学习到如何使用成长型思维工作表来处理行为部分的问题。

方法 1:成长型思维工作表

我通常运用成长型思维来进行日常的工作、生活,但在写这本书的时候,我有时会遇到一些障碍,而这些障碍会让我产生一系列由固定型思维主导的想法、情绪和行为。而其中一个例子,正是在设计下面这个成长型思维工作表时产生的。这个表格是帮助读者驳倒固定型思维、构建成长型思维的重要工具。但电脑的操作,对我来说是一项具有挑战性的任务。当我遇到复杂而琐碎的格式调整问题时,我就会感到十分沮丧和恼火。你能在这个过程中看到我触发固定型思维的信号吗?

最终,我能看到,我设计这张表格时的所有失败的尝试都不是阻碍,而是机会:我创建这张表格的经历可以作为一个例子,来让你理解这个表格是如何帮助你驳倒固定型思维、建立起成长型思维的。

总之,你可以在这个例子中看到一个非常漫长和令人恼火的过程,并看到经过这个过程后最终的样子。在此期间,我使用了成长型思维工作表示例,来帮助自己从固定型思维转变为成长型思维。我很高兴这个表格对我是有用的。但也请你保持批判的眼光,来看看这种方法是否同样适合你。

成长型思维工作表示例

☆ **描述你的固定型思维陷阱：** 试着设计和呈现这个表

☆ **标出陷阱的类型：**

1. 面对有挑战性的任务
2. 努力了却事倍功半
3. 评估进度
4. 犯了错误
5. 受到他人的赞扬或批评
6. 听到别人的成功或失败

固定型思维主导下的想法	固定型思维的模式	成长型思维的模式	转变思维方式的问题	成长型思维主导下的想法
我就是个电脑白痴。我连弄个标题都不会，我也没法让表格完整地显示在一个页面中。	对自己进行"全或无"的评价	正确分析当前的技能水平	我对改进方式有什么分析和想法？我该如何实现自己的价值？	我已经通过自学掌握了很多电脑操作技能。我可以通过技术指南来获得更多信息。
这哪有那么难啊，别人根本不用花那么多时间在这上面搞来搞去，但我就是弄不好。	消极看待自己的努力	积极看待自己的努力	实际上需要付出多少努力？	我以前从未尝试过在文档中插入这种类型的表格，所以这需要一些努力。
	认为表现只有满分或零分	按实际表现打分	从连续谱的角度看，我现在进展如何？最现实可行的改进方式是什么？	尽管花了一个多小时，但除了标题部分，我已经把大体结构弄好了。我很快就能处理好这最后的问题。
	将错误灾难化	正确分析错误	我可以从我的错误中学到些什么？我能做哪些不同的事？	不错，我已经学会了如何调整表格的行高列宽。我将继续试着进行不同的操作。
	将他人视为判官	将他人视为资源	他们是否为我提供了可操作性强的有用信息？	我的女儿和我认识的图书管理员都知道如何美化表格，我会去请教一下他们。
	竞争性比较	建设性比较	我可以从别人那里学到些什么？他们的成功是否值得借鉴？	

使用成长型思维工作表

每当你遇到可能会引发固定型思维的陷阱，或是识别出了固定型思维主导下的想法、情绪和行为的警示标志时，你就可以使用成长型思维工作表来转变思维方式。需要注意的一点是，当你朝着某个有价值的目标前进时，你的情绪会发生一些变化，这同样可能是一个警示标志，表明该表格可能开始在你身上产生效用了。

以下是使用成长型思维工作表的一些技巧。首先描述一下引发你固定型思维的陷阱，以及其所代表的一种或多种情况是什么。然后在第1栏中写下固定型思维主导下的想法，请尽可能地描述得具体一些。问问自己，此时你的脑子里到底在想些什么，并把这些想法一字不差地写下来。接下来，分别观察你的每一种想法，然后识别出这种想法中存在的固定型思维。识别出相对应的固定型思维后，在第2栏中标出它。对于你的每个想法，都请遵照这样的流程进行操作。

拿我的想法来举个例子吧，我可以看到，"我就是个电脑白痴"的想法意味着我给自己贴上非黑即白的标签，也就是对自己进行"全或无"的评价；我还可以看到，"我连弄个标题都不会，我也没法让表格完整地显示在一个页面中"的想法，就是我认为表现只有满分或零分；而最后的"我就是弄不好"的想法则反映出了我将错误视为灾难的思维方式，即将一个错误不合理地进行放大和灾难化，也就是说，我夸张地认为，这个错误是一个我永远也无法完成这个表格的灾难性标志。

这种将自己抽离出来纵观全局，并对自己的固定型思维进行识别和分类的能力是非常重要的，因为它可以让你与这些固定型思维保持一定的距离，并用成长型思维取而代之。

要转向成长型思维可能会很困难，特别是当你遇到的是一个看起来深不见底的陷阱时。你可能会面临一些非常难以掌控的挑战，比如你从自己最尊敬最钦佩的人那里得到了反馈，或是犯下了一个会造成重大后果的错误。为了帮助你实现转变，我在表格的第3栏中列出了相对应的成长型思维的模式。当你深陷于固定型思维之中时，能同时看到如何用成长型思维的模式应对同一情况，这将有助于你从面前大大小小的障碍之中跳脱出来。例如，当我在表格中同时查看自己的固定型思维和成长型思维的模式时，我可以看到，对我当前技能水平的分析将使我摆脱像"我就是个电脑白痴"这样"全或无"的自我评价。此外，将错误视为机会，则能帮助我不再将自己的错误视为灾难。

为了进一步支持你实现从固定型思维向成长型思维的转变，我在第4栏中列出了一些你要问自己的问题。这些问题能把你从固定型思维的困境中拉出来，帮助你形成成长型思维。以我自己的表格为例，有关转变思维方式的问题是："实际上需要付出多少努力？"

这个问题能帮助我将自己抽离出来纵观全局："我以前从未尝试过在文档中插入这种类型的表格，所以这需要一些努力。"同样，"我可以从别人那里学到些什么？"这个问题让我从"别人根本不用花那么多时间在这上面搞来搞去"的竞争性比较中跳脱出来，转而进行有建设性的探索——我知道我的女儿和我认识的图书管理员都是很好的资源。

当你开始产生成长型思维主导下的想法时，请把它们写在表格的第5栏中。回到建设性比较的例子上来，我一旦意识到认识的图书管理员和我女儿都有可能来帮助我提升美化表格的技能，我就能看到，我不需要满心纠结地孤军奋战。这并不是一场竞争。我完全可以把别人当作资源来提升自己。然后，我便在第5栏中写下了我的成长型思维主导下的想法："我的女儿和我认识的图书管理员都知道如何美化表格，我会去请教一下他们。"

把你成长型思维主导下的想法都悉数写下，这是一个十分重要的过程。写下这些想法的同时，也强化了这些想法本身，使你在以后用起它们时能更加地得心应手。也就是说，写下成长型思维主导下的想法，就是在训练你的大脑，使其能更自动地与成长型思维联系起来。这里的练习是重要的前期准备，让你能在生活这场沉浸式表演中精彩地表现更好的自己。这就有点像篮球运动员在季后赛前不断地练习罚球技巧，或者像钢琴家在卡内基音乐厅演出前反复排练他们的作品。我们在这里训练就是为了帮助你学会成长、适应成长，为成长做好准备。你越是如此循环往复地训练自己，你就越有可能在压力状态下自如地呈现你的技能，甚至有朝一日身处逆境之时，你也能运用成长型思维帮助自己逆风翻盘。请把这张成长型思维工作表看作重塑自己大脑的常规练习，在它的帮助下不断对自己的思维方式进行训练，你的固定型思维的产生频率、作用强度和持续时间将会不断下降，而成长型思维的产生频率、作用强度和持续时间将会持续增加。

当你为了不断靠近自己的成长目标而进入这个为期一周的转变之旅时，请时刻关注你的情绪在什么时候发生了什么变化。例如，在往前更进一步的过程中，你可能会感到烦躁、不适或沮丧。你可能会觉察到自己萌生出了一些固定型思维主导下的想法，或者你会感到自己缺乏前进的动力，只想拖延。那么不妨将这些负面的感受作为一个下定决心改变的契机吧，试着使用成长型思维工作表，把改变的想法化作行动。

成长型思维工作表

☆ **描述你的固定型思维陷阱：** _____

☆ **标出陷阱的类型：**

　1. 面对有挑战性的任务

　2. 努力了却事倍功半

　3. 评估进度

　4. 犯了错误

　5. 受到他人的赞扬或批评

　6. 听到别人的成功或失败

固定型思维主导下的想法	固定型思维的模式	成长型思维的模式	转变思维方式的问题	成长型思维主导下的想法
	对自己进行"全或无"的评价	正确分析当前的技能水平	我对改进方式有什么分析和想法？我该如何实现自己的价值？	
	消极看待自己的努力	积极看待自己的努力	实际上需要付出多少努力？	
	认为表现只有满分或零分	按实际表现打分	从连续谱的角度看，我现在进展如何？最现实可行的改进方式是什么？	
	将错误灾难化	正确分析错误	我可以从我的错误中学到些什么？我能做哪些不同的事？	
	将他人视为判官	将他人视为资源	他们是否为我提供了可操作性强的有用信息？	
	竞争性比较	建设性比较	我可以从别人那里学到些什么？他们的成功是否值得借鉴？	

在第 4 章和第 5 章中，你将学会使用成长型思维工作表解决情绪部分和行为部分的问题的技巧。现在让我们来看看另一种能在想法上帮助你从固定型思维转变为成长型思维的工作方法。

方法 2：成长训练工作表

当你拥有固定型思维时，你通常会不自觉地将注意力集中在"我够不够格"这个自我评价上。在这种思维方式中，无论是热情的夸奖，还是严厉的批评，都能为自我评价的小火苗添柴加薪，让固定型思维的大火熊熊燃烧。夸奖和批评都会让你非要与他人一较高下的野心愈发膨胀，使你忽略了"见贤思齐焉，见不贤而内自省也"的理性成长。你一心只想着自己每次被突然拉出来和别人进行比较时强不强、好不好，却不知不觉地渐渐偏离了成长目标。

那么，你该如何将热情的夸奖和严厉的批评吸收转化为明确而具体的改进方向呢？你可以使用成长训练工作表来做到这一点。这份工作表将帮助你成为一个既有同情心又有策略的教练。当你听到无论是来自他人还是自己的热情夸奖和严厉批评时，又或是当你无论是超常发挥还是表现不佳时，你作为自己的教练，都能在对这些再正常不过的情况表示理解的同时，及时做出指导，帮助自己重返通往成长目标的正确之路。作为一名这样的教练，你会在吸收积极因素、消灭消极因素的基础上，始终正确地关注自己的发展，对自己的发展情况进行分析，并制订明确的计划。

以下这个例子，告诉我们可以如何使用这份工作表来应对批评性的自我反思。

一位单身的职场妈妈忘记了自己要参加8岁孩子的家长会，她本来希望能在这次会上和老师聊聊孩子米格尔在数学方面遇到的麻烦。当她意识到自己错过了约定的会议时间时，她的心沉了下去，并对自己感到愤怒，从而引发了一连串批评性的自我反思。于是，她便使用这张成长训练工作表，来帮助自己对纷繁复杂的观点重新进行梳理。

热情的夸奖和严厉的批评	既有同情心又有策略的教练的分析
我真是个白痴。	我错过了家长会，这让我感到很遗憾。
如果我还能带点脑子的话，那么我就不会错过这次家长会了。	为什么会出现这种情况呢？既因为我有很多工作上的事情要处理，也因为今天早上我没有查看我的行程表。也许我应该养成在早上喝咖啡时查看行程表的习惯。
太尴尬了，这就不应该发生。我做事不够井井有条。 米格尔的老师会认为我是个坏妈妈。	这并不意味着我是个坏妈妈。我真的很关心米格尔的进步。我会联系他的老师，向他道歉，看看我是否可以登门拜访，或是在电话里和老师来一次深入交谈。

值得注意的一点是，这位女士在她的成长训练工作表的左栏，写下了她对自己的批评性的自我反思。而在右栏中，她对同一件事情的反应则像是一位既有同情心又有策略的教练。在右栏这样的回应方式中，她客观地承认了自己的优点和缺点，并提出了解决问题和弥补缺点的具体计划。

如果类似的情况发生在你的身上，批评性的自我反思会对你的积极性产生什么样的影响呢？你能否看到既有同情心又有策略的教练让你承认错误的存在，然后专注于从错误中学习成长，从而向着自己的人生成长目标不断前行呢？

下面的一个例子呈现了卡桑德拉是如何使用成长训练工作表来应对热情的夸奖的。

卡桑德拉是一名网球爱好者，从 7 岁时就开始参加网球夏令营。她是她所在高中网球校队的队长，在新赛季开始时，她将带领这支队伍迎战地区排名第一的球队。经过一番激战，卡桑德拉在单打比赛中以微弱的优势险胜对手杰西。她的队友和粉丝们将她团团包围起来，人们对她盛赞不已。下面是她的成长训练工作表：

热情的夸奖和严厉的批评	既有同情心又有策略的教练的分析
我太牛了。我真是个超级明星。	我对获胜感到非常兴奋。我打得非常好，我每天都在练习，无论何时何地，我一有机会就会练习。
杰西被我完全压制，我向她展示了谁才是真正的霸主。	这是一场势均力敌的比赛。我是怎么惊险胜出的呢？我想这得益于我一直努力在发球的方式上做出改变。
我势不可当，我是球场之王。	我从杰西身上学到了些什么？我在哪里失分了？她的反手攻击很厉害，我很难回球。我需要更重视这一点，然后去找一个擅长反手攻击的人练习回球。

值得注意的一点是，要区分对自己热情的夸奖和既有同情心又有策略的教练的分析这两种反应的不同。卡桑德拉对她的胜利感到十分兴奋，这是可

以理解的。然而，给自己贴上超级明星的标签，是否反而不利于她未来的进一步发展呢？这对她的练习或继续提高有帮助吗？如果她紧紧抓住"我真是个超级明星"的观点不放，然后输掉了下一场比赛，那么她会有何感想呢？如果她成为自己既有同情心又有策略的教练，那么她会采取什么样的应对方式来激励自己不断前进呢？这种激励方式又会对她进一步加强训练和磨炼技能的动机产生什么样的影响呢？

现在，轮到你来试一试成长训练工作表了。回顾一下你的过往经历吧。在你过去努力奋斗、不断成长的过程中，你是否收到过热情的夸奖或严厉的批评？你能否记得是谁做出了这样的举动？是你自己的评价还是别人的评价阻碍了你的成长？当时你做了些什么事情？他们具体对你说了些什么？

另外，在你朝着自己在第 2 章中列下的成长目标前进时，你是否遇到过热情的夸奖或严厉的批评阻碍了你成长的情况呢？如果你实在想不起来自己曾经在哪个场景下遇到过这样的情况，那么你也无须过分担心。你只需要想象一下，当你不断接近目标时，你用"全或无"的方式对自己的表现进行评价，挑起自己与他人的竞争性比较，淡化自己努力的意义，以及放大或最小化自己的先天能力或品质。当你失误时，你会不留情面地对自己提出严厉的批评；而当你表现优秀时，你则会给自己热情的夸奖。在这些方式中，你更有可能以哪种方式来评价自己？

现在问问自己，作为一个既有同情心又有策略的教练，你会如何对自己进行指导？他人会如何用成长型思维的问题来挑战你？这个教练又会提出什么样的问题？这些问题会如何帮助你铺一条方向正确的路，指引你向着成长目标不断前进？在前进的过程中，你有哪些具体步骤？

使用成长训练工作表，看看当你面对各种热情的夸奖和严厉的批评时，你可以做些什么来吸收和转化其中的养分帮助自己成长。

成长训练工作表

说明：面对各种热情的夸奖和严厉的批评时，像一个既有同情心又有策略的教练那样应对。在左栏写下热情的夸奖和严厉的批评，在右栏写下作为一个既有同情心又有策略的教练的回应，你需要客观地承认自己的优点和缺点，并提出解决问题和弥补缺点的具体计划。

热情的夸奖和严厉的批评	既有同情心又有策略的教练的分析

每当热情的夸奖和严厉的批评阻碍了你的进步与成长时，你就可以使用这张成长训练工作表来帮助自己做出改进。

在本章中，你已经学到了一些具体的方法来应对固定型思维主导下的想法。当你把固定型思维主导下的想法转变为成长型思维主导下的想法时，你可能会注意到自己的情绪也相应地发生了变化。也就是说，当你能将自己的固定型思维转变为成长型思维时，你可能就会发现，你的愤怒、焦虑或不安都减少了许多。但有些时候，你在固定型思维主导下产生的情绪十分强大，甚至到了需要你去更直接地处理这些情绪的地步。例如，你可能会因为在工作中犯了大错而对自己感到失望或愤怒；或者当你在竞争中击败同事获得升职加薪时，你会不可一世，觉得自己鹤立鸡群。当这些情况发生时，你需要学会一些方法来恰当地平息这些强烈的情绪。此外，你也可以不急于处理这些情绪，而是接纳、理解它们。在下一章中，你将学习到如何解决在固定型思维主导下产生的情绪问题，从而使你能更好地敞开怀抱，去迎接成长型思维主导下的情绪。

总结

固定型思维可能会在以下情况（或固定型思维陷阱）中自动触发：

1. 面对有挑战性的任务
2. 努力了却事倍功半
3. 评估进度
4. 犯了错误
5. 受到他人的赞扬或批评
6. 听到别人的成功或失败

当你深陷固定型思维主导下的想法难以自拔时，你可以采用以下成长型思维主导下的想法来进行自救，从而回到自我成长的正轨上：

- 正确分析当前的技能水平（回应对自己进行"全或无"的评价）
- 积极看待自己的努力（回应消极看待自己的努力）
- 按实际表现打分（回应认为表现只有满分或零分）
- 正确分析错误（回应将错误灾难化）
- 将他人视为资源（回应将他人视为判官）
- 建设性比较（回应竞争性比较）

总之，成长型思维工作表和成长训练工作表这两个工具都可以帮助你用成长型思维代替固定型思维。

第 4 章
如何应对固定型思维主导下的情绪问题

CHAPTER 4

在本章中，你将学会识别你在固定型思维主导下产生的情绪，并制定应对方法，以免这些情绪阻碍你去进行探索和改变。即使你一直拥有成长型思维，但只要遇到那 6 个陷阱中的一个，比如犯了错误，你也可能会陷入固定型思维。在固定型思维的主导下，你会产生一些诸如尴尬之类的情绪，这些情绪会让你偏离正轨，阻碍你前进，阻止你去追求那些对自己重要的东西。然而，当你面对这些成长道路上的绊脚石时，如果你能与自己的情绪变化保持紧密的连接，那么你就能通过这个窗口，深入地观察自己的思维方式。如果你能识别出那些在固定型思维主导下产生的情绪，那么你就可以采取措施来削弱它们的力量，从而让自己有机会敞开内心，去拥抱成长型思维。

一次情绪波动可能是你正处于固定型思维之中的第一个迹象。也就是说，在你注意到自己的某个想法属于某种固定型思维之前，你可能会先注意到自己的某些情绪已经发生了变化。当然，每个人的情绪都会在一天之中起起伏伏，这是很自然的事情。其中的一些情绪波动可能比较轻微，比如对突然转向加塞却不打灯的司机产生的不悦；而有些情绪波动可能很强烈，比如因不得不接受化疗而产生的恐惧。当某个陷阱会反复引起情绪波动时，这种情绪波动就是你存在某种固定型思维的重要线索。

情绪线索

固定型思维不仅仅与负面情绪有关,成长型思维也不仅仅与正面情绪有关。在固定型思维的主导下,当你看起来精通某事时,你会自我感觉良好;而当你看起来有些能力不足时,你就会感觉非常糟糕。因此,当你被分配一项在别人看来很难但对你来说十分简单的任务时,你就会感到高兴。而当拥有成长型思维时,获得自我成长就是你最重要的目标。所以,当有机会获得成长时,你就会感觉良好;而当没有可能获得成长时,你才会感觉糟糕。也就是说,在成长型思维的主导下,当你被分配一项在别人看来很难但对你来说十分简单的任务时,你可能会感到无聊。

固定型思维会自然而然地引起情绪反应,比如在你状态不佳时,你可能会对自己的外表感到焦虑,而在精心打扮后,你可能会感到自信心爆棚。但你要记住一点,这些情绪本身并没有错,它们本身是不会让你失去成长机会的。要想正确释放这些情绪,第一步就是要给它们贴上标签、做好分类,将其视为一个重要信号,并利用它们来练习你的成长型思维策略。尽量不要因为出现了这些情绪而批判自己,比如产生像"我又产生这样的情绪反应了,这说明我根本无法做出改变"这样的想法,应当首先表扬自己,因为这意味着你通过情绪反应识别出了固定型思维。随着你学会培养并建立起自己的成长型思维,这些情绪的作用强度、持续时间和发生频率都会逐渐下降。

如果固定型思维主导下的情绪会阻碍你进步,那么成长型思维主导下的情绪又会如何促进你取得进步?成长型思维主导下的情绪究竟是什么样的?成长型思维主导下的情绪,是一种你对世界的开放之心,是一种随时都做好准备的平静状态,是一种以非评判的方式在自我的不同方面与有助于自我发展的事物之间建立的联系。在一个情绪的连续谱中,它的范围以这样的方式呈现:从消极状态(当你没有获得成长时的沉闷或平淡)到中性状态(在你评估如何成长时的平静、接纳、欣赏或好奇),再到积极状态(伴随你的成长产生的福流、兴奋和热情）。

以下是我们在前文中已经认识过的 6 个陷阱，或者我们可以称其为威胁我们成长的 6 大障碍。针对每个陷阱，本书都配有相关的练习，来帮助你掌握每种特定思维所对应的情绪。这些练习能帮助你识别出固定型思维主导下的情绪，这样你就可以正确地释放掉这些情绪，从而为成长型思维腾出空间。

1. 当你面对有挑战性的任务时的情绪反应

越是具有挑战性的任务，越有可能拓展你的技能；然而，这也是一场充满风险的赌博，因为它可能会将你的能力短板一览无余地暴露于人前。在固定型思维的主导下，你会更加关心自己是否能力完备，而不是能否获得成长。你会让自己的缺点一览无余吗？举例来说，在固定型思维的主导下，对一名业余篮球运动员来说，选择篮球小白，或像勒布朗·詹姆斯（LeBron James）这样的普通人根本无法匹敌的超级巨星作为对手，是最为一本万利的做法。因为无论在哪种情况下，他都能避免由于在一场势均力敌的比赛中输掉而产生的消极情绪。然而，在成长型思维的主导下，这名业余选手将会选择一个能力略高于自己的对手。选择这样一个让他可能赢也可能输的对手，这名业余选手需要承受失败的风险。

然而，一项具有挑战性的任务是机遇还是威胁，这全然取决于你的思维方式。在不同的思维方式主导下，你最有可能产生什么样的情绪反应呢？让我们通过下面的练习，来探索这些情绪反应的各种可能性。

成长型思维主导下的情绪反应 VS 固定型思维主导下的情绪反应

把自己置于以下场景中。先试着想象一下，你在固定型思维的主导下会如何处理这些情况。然后再想象一下，你在成长型思维的主导下又会如何处理同样的情况。写下在不同思维方式的主导下你可能产生的情绪反应。

作为一家制药公司的销售代表，你被公司要求向一个已经与另一家制药公司建立了合作的大型医疗机构推销你司的产品。你司的其他销售代表也尝试过开拓这家医疗机构的市场，但都没能获得成功。

你在固定型思维主导下会产生怎样的情绪反应？

你在成长型思维主导下产生的情绪反应会是什么？

作为一名会计师，你为一个重要客户办税，这个工作看起来很复杂，但对你来说很容易，也很熟悉。

你在固定型思维主导下产生的情绪反应会是什么？

你在成长型思维主导下产生的情绪反应会是什么？

有些人是在固定型思维的主导下产生情绪反应，有些人是在成长型思维的主导下产生情绪反应，而还有一些人是在这两种思维的共同作用下产生情绪反应。在这里我们需要注意的一点是，当你面对一项具有挑战性的任务时，要时刻与自己的情绪反应建立紧密的连接。这意味着你需要在自己开始处理任务之前先停下来，认真识别自己此刻的情绪反应。这些情绪有时是强烈的波澜，有时是轻微的涟漪。但它们都为你构建起了一扇可以深入地直视自己内心的窗户，让你看到主导你的思维方式是什么。通过情绪反应识别出固定型思维，是你将其转变为成长型思维的第一步。

2. 当你努力了却事倍功半时的情绪反应

当你面临的一项任务是一场艰苦卓绝的斗争时，你会有些什么情绪反应呢？成长型思维主导下的你会认为，努力是提高技能的必备要素。当面前的工作看起来都太过容易的时候，其实可能意味着你自己正停滞不前。而固定型思维主导下的你会认为，需要努力则意味着能力不足、存在短板，它不如简单的任务来得快乐，因为简单的任务让你觉得自己能胜任一切工作。

成长型思维主导下的情绪反应 VS 固定型思维主导下的情绪反应

假设你正在撰写一部推理小说。你已经轻松地完成了主要情节的设计，对主角形象的刻画也非常到位。现在，你正在努力充实配角的戏份。你枯坐在电脑前，感觉一切都困难重重。你花了好几天的时间陆续写下自己的灵感，然后又将其揉成一团丢掉。已经过去了两个多星期，但这个角色的轮廓仍不清不楚。如果这是你的经历，此时你会有些什么感受呢？想象一下，如果你在两周后还没有给这个配角建立起一个完整人设，那么你可能会产生哪些情绪反应？

你在固定型思维主导下产生的情绪反应会是什么？

_____

你在成长型思维主导下产生的情绪反应会是什么？

_____

3. 当你评估进度时的情绪反应

当你的任务进度和表现低于预期时，你会有什么感受？当你的任务进度和表现超出预期时，你又会有什么感受？对自己的进度和表现进行客观诚实的评估，可以让你为未来的发展制订出行之有效的计划。在成长型思维的主导下，你的发展历程是一个连续谱，每一个脚印都应当被视为一次进步。每次暴露短板，既会让你获得关于如何改进的重要信息，也会是一次解决问题的机会。

不适当的自我评估也会引发固定型思维。在这种情况下，任何不完美，都会让你怀疑自己是否够格做这件事，或者自己是否具备成功的条件。

让我们来学习一下，自我评估可能会引发的情绪反应有哪些。

成长型思维主导下的情绪反应 VS 固定型思维主导下的情绪反应

你刚接下了一个新的工作，并为此搬到了一个陌生的城市。你在这座城市里没有朋友，你感到孤独极了。于是你制订了一个计划，想要去结识更多的新朋友。你会邀请办公室里的同事吃午饭，周末约几个邻居出去喝咖啡，你还会在自己常去的健身房里与一些新认识的人聊天。可当你在家中安排了一次非正式的晚餐聚会时，11 位受邀客人中只有 5 位出席。

你在固定型思维主导下产生的情绪反应会是什么？

_____

你在成长型思维主导下产生的情绪反应会是什么？

_____

4. 当你犯了错误时的情绪反应

当你犯了错误时，你的感受是什么？大多数人都有着复杂的感受。在你发展技能的道路上，犯错误是难免的，而且很可能会发生。如果你没有犯任何错误，那么你就不会学到任何新东西，也不能提高你的技能。意识到自己犯了错误会让你产生一种固定型思维：如果自己有足够的能力，那么就不会犯错。错误暴露了你的不足。

成长型思维主导下的情绪反应 VS 固定型思维主导下的情绪反应

想象一下，你是一名中学生，你的父母一直鼓励你在课堂上要大胆发言。在一堂英语课的讨论环节中，你克服了内心的紧张，高高举起了手，说出自己对当前讨论的这篇短篇小说的见解。下课后，老师把你叫到一边，纠正了你在发言中出现的语法错误。

想象一下，当你站在那里，听着英语老师纠正你的发音时，你会有什么感受？

你能感受到在固定型思维主导下产生的情绪反应吗？它们是什么样的？

_____

你能感受到在成长型思维主导下产生的情绪反应吗？它们是什么样的？

_____

5. 当你受到他人的赞扬或批评时的情绪反应

在你通向自己成长目标的过程中，有时人们会为你鼓掌叫好，有时人们会对你评头论足。从成长的角度来看，无论是赞扬还是批评，只要它言之有理，都能够为你提供养分，让你实现自我成长。但在某些固定型思维的主导下，这种反馈对你来说却是一种具有决定性意义的评价。当受到赞扬时，你会认为别人觉得你很了不起；当受到批评时，你得出的结论是别人认为你能力欠缺。

成长型思维主导下的情绪反应 VS 固定型思维主导下的情绪反应

假设你在郊区的一家小型医院里当了 17 年护士。医院最近聘请了一位刚毕业的执业护士担任护士长，主要分管你们这个区域的员工。在上任的第一天，她就密切观察了你的工作方法，并建议你修改一位新病患的病例。但这 17 年来，你都一直用这种方式记录病历，之前从未出过问题。

想象一下，此时你会有什么样的情绪反应？你会怎么说？你会有什么感受？

你在固定型思维主导下产生的情绪反应会是什么？

_____

你在成长型思维主导下产生的情绪反应会是什么？

_____

6. 当你听到别人的成功或失败时的情绪反应

当你得知同辈群体中有人获得了非凡的成就，或是遭遇了惊人的失败时，你会有什么感受？当你拥有成长型思维时，你会将其视为宝贵的财富。你会因此自省：这是如何发生的？你会知道，成功和失败都是每个人在成长道路上必不可少的一部分。同时，你还会进行复盘和分析，从而实现自我成长。

而在固定型思维的主导下，你会将他人的表现视为衡量自己能力或特质的一把尺子。在这样的比较中，当他们获得了成功而你没有时，你会认为这意味着自己逊于他人；而一旦他们失败，即使你什么也没有做，你也会认为你比他们优秀许多。

成长型思维主导下的情绪反应 VS 固定型思维主导下的情绪反应

假设你是纽约市一位很有抱负的女艺人。在过去的几年里，你一直作为练习生在不断地学习声乐和舞蹈。一有机会，你就会参加各种小型演出以求崭露头角。一次，你和一个朋友都去参加了一场试镜，试的是由一位新锐艺术家创作的音乐剧。你俩都通过了海选，获得了终面的机会。想象一下，如果终面后的第二天剧组发来消息，你的朋友幸运入选，而你没有。此时，你会对你的朋友说些什么？你的感受如何？

你能感受到在固定型思维主导下产生的情绪反应吗？它们是什么样的？

你能感受到在成长型思维主导下产生的情绪反应吗？它们是什么样的？

这些情绪是如何对你产生帮助的？这些情绪又是如何对你造成伤害的？

在这里需要注意的一点是，当你遇到这些阻碍自我成长的绊脚石时，请试着与你的情绪反应保持连接。如果你停下来说出自己的情绪，那么你就有了一个了解自己思维方式的窗口。如果你能发现固定型思维主导下产生的情绪，那么你就可以采取措施削弱它们的力量，让自己拥抱成长型思维。

如何纾解固定型思维主导下产生的情绪反应，为自我成长腾出空间

在本节中，你将学习一些技巧来纾解那些在固定型思维主导下产生的挥之不去的强烈情绪反应，这些管理麻烦情绪的策略已经被许多研究和实践证实相当有效。管理，是这些策略中的关键词。这些技巧有助于减轻麻烦情绪的强度，但不会彻底消除它们。你可以这么想象，一个过于灵敏的警报器由于误判了环境的危险程度而铃声大作，分散了你的注意力。你可以控制它，调低它的音量，让自己的注意力重新回到重要的事情上。为了确保安全和保持警觉，你无须将它关闭，只要将它的响声调低，让其融入你自我成长过程中的那些背景音乐里。

让我们来看看下面这名学生的情况吧。

在一次代数考试中，一名学生轻松解决了第一道题。到第二道题时，由于解题思路不太清晰，他便跳过了这道题。而第三道题也难住了他，此时一

阵焦虑便向他袭来。他无法集中注意力，并因为感到恐慌而头脑一片空白。在这种恐慌感的压迫下，他无法控制自己头脑中"我根本就学不好代数"的想法，也就无法按照预期的思路继续解题了。然而，在使用以下技巧后，这名学生虽然仍会有些焦虑，但是他还会感受到一股鞭策的力量，这股力量会促使他将注意力集中在完成考试上。

几乎每个人都会因为固定型思维而经历强烈的情绪波动，尤其是当你开始朝着重要的目标前进时。因此，正确地纾解这些情绪反应就是你必不可少的工作之一。你要学会去尝试、去实践，看看哪种方法对你来说最为合适。

腹式呼吸法

当固定型思维被视为具有威胁性的不良心理活动时，可能会触发交感神经系统做出"战斗—逃跑—僵住"反应。你紧紧地盯着威胁，呼吸愈发急促。这样的呼吸方式会在你体内产生化学反应，让你的身体进入应激状态，以随时准备应对威胁。然而，你在固定型思维的主导下看到的威胁，可能并不是身体上将要受到的实打实的威胁，而是心理上感受到的威胁，这是一种感到弱小无助的自己被赤条条地暴露在严酷环境中的威胁。因此，无论是更加急促地吸入氧气，还是产生其他生理变化，都对改善情况毫无帮助。

然而，你却可以通过腹式呼吸的方式，调节副交感神经系统（负责休息和消化），从而缓解这种感觉受到威胁的不良感受，让你一键重启自己的心态，并向成长型思维敞开怀抱。腹式呼吸是指在放松状态下，利用横膈膜的运动自主形成的一种呼吸方式。想象一下那些睡得很香的小狗或卡通人物吧，他们的肚子就是这样的，随着每次呼吸一起一伏。大量的研究表明，腹式呼吸是一种相当行之有效的镇静方法，许多运动员、演员和公共演说家都使用这种方法来调节心态。所以，你也可以学会腹式呼吸法，用它来应对固定型思维主导下产生的情绪反应，并敞开心扉，转向成长型思维。

用腹式呼吸法应对固定型思维主导下产生的情绪反应

找到一个令你感到舒服的姿势。你可以在床上或地板上仰卧（最好在膝下垫一个枕头），你也可以坐在一张舒适的椅子上进行练习。你只需要紧靠椅背，放松肩部，微张双腿，并将双手放在腹部。

1. 将双手放在腹部。
2. 用鼻子轻轻吸气，保持这个动作并从一数到三（或任何让你感觉舒适的时长）。注意感受空气在鼻孔里流动。
3. 微抿嘴唇，用嘴轻轻呼气，保持这个动作并从一数到三（或任何让你感觉舒适的时长）。
4. 放松，自然地呼吸。细心体会呼气时你的手是如何随着腹部微微下沉的。
5. 反复练习这种呼吸方法五到十分钟。用放在腹部的手，细心体会腹部的一起一落。

在这里需要注意的是，吸气和呼气没有固定的时长，只要你觉得舒服就行。对一些人来说，可能数到二最舒服；而对其他人来说，可能数到三或四最舒服。而另一个需要注意的情况是，不要强迫自己用力呼气，而应该像将一个气球放气那样，徐徐吐出你吸入的空气。

腹式呼吸法是一种需要不断练习的技能。通过不断练习，你能将腹式呼吸法变成一件自己随身携带的小工具，它能随时随地帮助你平息固定型思维主导下的情绪反应，从而更好地实现自我成长。

我也常常遇到一些这样的来访者，他们在理智上理解腹式呼吸法的重要性，但却难以坚持练习。当面对一种引发了强烈情绪反应的固定型思维时，他们会告诉自己，要赶紧进行腹式呼吸，但当腹式呼吸法不起作用时，他们反而会感到倍加沮丧。这就像一个棒球投手只草草练习过几次弧线球的投法，就在大赛中要求自己投出一个漂亮的弧线球那样困难。为了让其发挥效果，你可以将腹式呼吸法作为一种仪式，每天在固定时段加以练习。一旦形成了这样的习惯，当固定型思维主导下的情绪反应不约而至时，你就能做好准备，从容地应对它。

渐进式放松法

在感知到威胁后，你身体里的每一块肌肉都会像弹簧一样紧绷，随时准备弹射起来。想象一下一只被郊狼叼住的兔子吧，尽管它安静而弱小，但它绷紧了全身的肌肉，一次又一次紧张地寻找机会，以求从郊狼口中逃生。现在，让我们来换个场景吧。想象一下你正在口腔医院里进行一次简单的洁牙治疗。你可能会发现，自己正不由自主地握紧双拳，绷紧脚趾，全身僵直。如果进行操作的口腔医生是受过培训的专业人员，那么你的身体其实并没有太多受伤害的风险。但即便如此，你的身体也会自动地将其视为一种危险，并做出相应的应激反应。

同样地，就像面对可能会真正伤害身体的威胁那样，你的身体也可能会对固定型思维做出应激反应。例如，一名研究生在参加完一天的面试后，担心自己无法成功被录取，尽管他承受的是精神上的紧张，但他却在身体上切实地感受到了脖子和肩膀的紧绷。如果这位学生的身体一直处于压力状态，那么他就同样很难纾解掉他的焦虑情绪。当你在与这些情绪做斗争时，如果能学会先放松肌肉，那么你的不良感受就会不那么强烈。一旦放松下来，你就可以重新采取正确的处理方式，从而实现自我成长。

渐进式放松法是指系统地收紧和放松身体的每个肌肉群，如手臂、腿部、颈部和头部的肌肉等。通过这种方法，你可以将僵硬的肌肉逐渐放松下来。

尽管最初的训练需要一点时间，但通过反复练习，你可以学会如何快速地注意到身体主要肌肉群的紧张，并将其释放出来。许多互联网上的资源也可以帮助你使用这项技术。就像腹式呼吸法一样，尽管这个过程听起来十分简单，但需要反复练习才能真正掌握它。当某种在固定型思维主导下产生的情绪反应让人心生畏惧时，除非你提前练习过渐进式放松法，否则，仅仅是简单地指导自己放松肌肉，并不能产生预期的效果。

腹式呼吸法和渐进式放松法是缓解焦虑和愤怒等情绪反应的两种有效技巧。对于这两种情绪反应，以下两种方法也同样适用。这两种方法尤为适合处理在固定型思维主导下产生的不恰当的优越感、膨胀感和轻蔑感等情绪反应。请记住，这些超越事实，相信自己无所不能或是鹤立鸡群的情绪反应，同样会阻碍你实现自我成长。

专注当下法

当你的目标是实现自我成长时，你会更关注以自我为中心的周围世界，并从中寻找能给你输入成长养分的信息。而固定型思维会干扰你对这些信息的探索。举例来说，就像是一位研究生毕业的高才生去参加面试，由于太想要证明自己能力出众，他背出了一长列自己获得的成果和奖励，却没有认真听明白面试官提出的问题。他急于证明自己，这却使他失去了与面试官建立连接的机会，从而也错失了有效收集相关工作信息和岗位信息的机会。

因急于展示自我而产生的情绪压力也可能出现在社交环境中。想象一下，一位女性正受邀和她在交友网站上认识的男士共饮咖啡，这位男士却一直在展示自己的成就和兴趣。她无从插话，无法表达自己对他的共鸣或好奇，他们也就失去了找到共同话题的机会和再约一次咖啡的理由。

正念是一种有效的减压疗法，能抑制这种在固定型思维主导下产生的压迫感。而正念也是一种得到人们广泛证实和认可的修行方法，有时也被称为"专注当下"。正念是指对自己目前的想法、感受以及所处环境等的察觉状态。你可以询问自己："此刻，我感受到了什么？"练习正念能帮助你调整自我的觉察力，让你沉浸在自己周围的世界中，去敞开心扉感受此时此地的美好，从而去拥抱成长型思维。

让我们通过下面的练习来感受一下正念的作用。

首先，从你的呼吸开始。在吸气和呼气时，关注你的呼吸。当空气从鼻孔中流进流出时，留意鼻孔的感觉。将注意力集中在你的呼吸上，但不要试图去改变它。

几分钟后，将注意力集中到你的视觉、听觉和触觉上。如果你此刻有些走神，那就轻轻地把注意力收回，集中于此时此地，集中于你用这些感官所感知到的事物上。

你听到了什么声音？你可以注意到，在你所处环境的近景中，有着明显嘈杂的声音；在你所处环境的稍远处，交织着轻柔的声音和响亮的声音。将自己沉浸在这些声音里。如果你此刻有些走神，那就轻轻地把注意力收回，集中于你周围的声音。例如，如果你听到了远景中有汽车发动机的声音，并由此想到了自己的汽车，那么，你要做的就是觉察到这个想法而不去评价它，并将你的注意力收回，集中于此时你周围的声音。

你看到了什么？去观察周围环境中出现的颜色、形状、阴影和纹理。沉浸在身边的颜色中，不加评判地注视它们或红或绿的色彩。如果这些颜色让你想起了其他事情，比如你孩子的红色自行车，那就轻轻地把注意力收回，集中于当下你身边的各种颜色上。再使用同样的方法去观察形状、阴影和纹理。

你触碰到了什么？你能感觉到自己所坐的那把椅子的质感吗？你脚踩的地面是如何给你的双脚施加反作用力的？让我再说一次，如果你此刻有些走神，开始考虑中午吃点啥，那也是完全没有问题的。请轻轻地把注意力收回，集中于当下的各种触觉上，比如椅子的扶手是粗糙的还是光滑的。将注意力专注于当下，让所有与此时此地无关的感受都轻轻飘远。

这个简单的练习只是为了让你能对正念有个初步的了解。你可以通过自学或参加课程来掌握正念的技巧，每天练习几次，每次15到20分钟，持续几周下来，你就能更好地实现自我成长。

正念能力的培养需要日积月累地练习。这些技巧既可以帮助你应对固定型思维带来的压力，也可以让你对周围世界保持敞开的心扉，为你的成长创造机会。

FLOAT 训练法

对于一些在固定型思维主导下产生的强烈情绪反应，我开发出了 FLOAT 训练法来帮助你从中抽离出来。FLOAT 是一系列训练步骤的首字母缩写，这些步骤可以提示人们观察、识别和接纳固定型思维主导下产生的情绪反应，并训练自己逐渐从中实现自我成长。这种训练法基于正念冥想疗法、痛苦耐受技能（distress tolerance）和贝克的认知疗法（Beck, Emery and Greenberg, 2005），专为解决那些阻碍你实现成长目标的固定型思维主导下产生的情绪反应而设计。

F——当你遇到固定型思维的阻碍时，感知你情绪的变化。

L——标记出特定的情绪反应。

O——对情绪反应进行观察，将其视为在固定型思维主导下一种自然而然的产出。

A——不加评判地接纳情绪反应，因为这是意料之中的常见情况。

T——尽管情绪激动，但还是要迈出转向成长型思维的第一步。

让我们以玛丽亚的故事为例，来看看如何用 FLOAT 训练法处理强烈的情绪反应。

玛丽亚是一家电器卖场的销售代表，她一心想要成为该卖场的门店经理。在一年一度的家电大促活动中，一位顾客过来问她打折的冰箱在哪里。当玛丽亚正要告诉顾客目前有哪几款性价比更好的产品时，顾客却径直走开了，说要找个"懂行的"来为自己提供服务。玛丽亚感到沮丧和愤怒极了,她甚至忍不住想要去办公室里躲起来。

玛丽亚遇到的阻碍成长的威胁是什么?你能否看出她强烈的情绪反应和她所面临的充满挑战性的任务之间的高度相关性呢?她要如何处理这些情绪反应才能有效地服务好这个有点麻烦的顾客呢?

以下是玛丽亚使用FLOAT训练法来解决这个问题的过程:

F——感知你情绪的变化。玛丽亚注意到了自己在应对这些批评时所产生的情绪转变。

L——标记出特定的情绪反应。玛丽亚把自己的情绪反应标记为沮丧和愤怒。

O——对情绪反应进行观察。玛丽亚将自己沮丧和愤怒的情绪反应视为在固定型思维主导下一种自然而然的产出。

A——不加评判地接纳情绪反应。玛丽亚告诉自己,这种情绪反应是意料之中的常见情况。

T——尽管情绪激动,但还是要迈出转向成长型思维的第一步。尽管存在这些情绪反应,玛丽亚还是做出了有利于成长型思维发展的选择——向着成为一名门店经理的目标不断进行自我完善。作为一名门店经理,要学会与难缠的顾客打交道。在这种情况下,她最佳的做法是站在顾客的角度进行思考,承认顾客需要更多信息,并向顾客说明,自己可以向他做出清晰的介绍。她也可以叫来高级经理,为顾客提供更好的服务。

与FLOAT训练法关系紧密的是针对情绪的正念冥想练习。正念冥想是指拥有悦纳之心,观察而不参与、不干涉自己的情绪。正如看到天空中的一朵乌云,你观察着它,并注视着它渐渐飘远。你不会触摸它,不会试图阻止它,也不会远离它。你只是觉察到它的存在,却不会对它做出任何评价或任何反应。

同样地，要想达到这样的状态需要一些练习，它有助于缓解你在固定型思维主导下产生的强烈情绪反应。

总之，当在固定型思维主导下产生的情绪反应特别强烈时，你可以通过下面4种技巧来抑制它们：腹式呼吸法、渐进式放松法、专注当下法和FLOAT训练法。这些技巧的目的不是完全消灭在固定型思维主导下产生的情绪反应，而是降低和减少不良情绪的作用强度、产生频率和持续时间，并为转向成长型思维创造空间。这些策略的核心是，你要意识到，作为大众中的一员，你在追求非常有价值的成长目标的过程中，难免会遭遇各种各样的陷阱，这让你难免会产生固定型思维，并催生出不良的情绪反应，这些情绪反应甚至可能会占据主导地位。当这些意料之中的情绪发生时，试着通过前文所述的技巧，去观察它们，并在不加评判的情况下接受它们。试着从成长的角度去习得这些技巧，并把它们融入你的日常生活。

使用成长型思维工作表，为自我成长创造情绪空间

现在，你已经在识别和处理固定型思维上进行了一些练习，让我们把你学习到的技巧放进你在第3章中开始记录的成长型思维工作表中。在这个部分，我们将关注你的感受而不是你的想法。

成长型思维工作表

☆ 描述你的固定型思维陷阱：＿＿＿＿＿＿＿＿＿＿＿＿＿＿

☆ 标出陷阱的类型：

 1. 面对有挑战性的任务

 2. 努力了却事倍功半

 3. 评估进度

4. 犯了错误
5. 受到他人的赞扬或批评
6. 听到别人的成功或失败

根据你的实际情况，按照从左到右的顺序依次填写各栏内容，并在第二个表格中"固定型思维主导下的情绪"一栏下标出其强烈程度轻、中、重，在第二个表格中"转变思维方式的问题"一栏下写下你会使用的策略，包括腹式呼吸法、渐进式放松法、专注当下法、FLOAT训练法或是其他任何可用的策略。

固定型思维主导下的想法	固定型思维的模式	成长型思维的模式	转变思维方式的问题	成长型思维主导下的想法
	对自己进行"全或无"的评价	正确分析当前的技能水平	我对改进方式有什么分析和想法？我该如何实现自己的价值？	
	消极看待自己的努力	积极看待自己的努力	实际上需要付出多少努力？	
	认为表现只有满分或零分	按实际表现打分	从连续谱的角度看，我现在进展如何？最现实可行的改进方式是什么？	
	将错误灾难化	正确分析错误	我可以从我的错误中学到些什么？我能做哪些不同的事？	
	将他人视为判官	将他人视为资源	他们是否为我提供了可操作性强的有用信息？	
	竞争性比较	建设性比较	我可以从别人那里学到些什么？他们的成功是否值得借鉴？	

固定型思维主导下的情绪	固定型思维的模式	成长型思维的模式	转变思维方式的问题	成长型思维主导下的情绪
轻/中/重			我要如何做才能容忍这种情况？我该如何让自己平静下来？	

有些人很容易就能识别出自己在固定型思维主导下的情绪反应。例如，当你听说自己在某个角色的试镜中败给了自己的朋友时，你可能很快就会发现，此刻叫作嫉妒的情绪反应占据了你的胸口。你也可能很难识别出某种特定的情绪反应，比如当听到朋友对自己的认可时，你说不上来，却隐约觉得有些紧张不安。这些感受都是很正常的，而在这个部分最重要的一点是，去观察自己情绪反应的转变，并尽可能地将其记录在表格中。你可以先是简单地写下诸如"沮丧""不安"或"不舒服"等词语来描述你的情绪，然后再评定情绪的强烈程度。

接着，来看看转变思维方式的问题：我要如何做才能容忍这种情况？我该如何让自己平静下来？然后回顾能解决这些问题的策略，包括腹式呼吸法、渐进式放松法、专注当下法、FLOAT 训练法或是其他任何可用的策略，并将其记录下来。如果你在固定型思维主导下产生的情绪反应太过强烈，那么要实现自我成长就会困难重重。试着练习其中一种策略，直到你可以减轻这些情绪的影响。平心静气地与这些不良情绪反应产生连接，直到你能接受或容忍这种感觉。有时，这可能意味着要做出短暂的抽离，稍作调整后再回归现实。

让我们回到我的成长型思维工作表中，来说明如何做到这一点：

成长型思维工作表示例

☆ **描述你的固定型思维陷阱：** 试着设计和呈现这个表

☆ **标出陷阱的类型：**

1. 面对有挑战性的任务

2. 努力了却事倍功半

3. 评估进度

4. 犯了错误

5. 受到他人的赞扬或批评

6. 听到别人的成功或失败

固定型思维主导下的想法	固定型思维的模式	成长型思维的模式	转变思维方式的问题	成长型思维主导下的想法
我就是个电脑白痴。我连弄个标题都不会，我也没法让表格完整地显示在一个页面中。 这哪有那么难啊，别人根本不用花那么多时间在这上面搞来搞去，但我就是弄不好。	对自己进行"全或无"的评价	正确分析当前的技能水平	我对改进方式有什么分析和想法？我该如何实现自己的价值？	我已经通过自学掌握了很多电脑操作技能。我可以通过技术指南来获得更多信息。
	消极看待自己的努力	积极看待自己的努力	实际上需要付出多少努力？	我以前从未尝试过在文档中插入这种类型的表格，所以这需要一些努力。
	认为表现只有满分或零分	按实际表现打分	从连续谱的角度看，我现在进展如何？最现实可行的改进方式是什么？	尽管花了一个多小时，但除了标题部分，我已经把大体结构弄好了。我很快就能处理好这最后的问题。
	将错误灾难化	正确分析错误	我可以从我的错误中学到些什么？我能做哪些不同的事？	不错，我已经学会了如何调整表格的行高列宽。我将继续试着进行不同的操作。
	将他人视为判官	将他人视为资源	他们是否为我提供了可操作性强的有用信息？	我的女儿和我认识的图书管理员都知道如何美化表格，我会去请教一下他们。
	竞争性比较	建设性比较	我可以从别人那里学到些什么？他们的成功是否值得借鉴？	

固定型思维主导下的情绪	固定型思维的模式	成长型思维的模式	转变思维方式的问题和方法	成长型思维主导下的情绪
轻/中/重			我要如何做才能容忍这种情况？我该如何让自己平静下来？	
沮丧、愤怒			腹式呼吸法、FLOAT训练法	感激、悦纳

在"固定型思维主导下的想法"一栏中，我填写了我的固定型思维主导下的想法。当我在设计这个表格的过程中抓耳挠腮时，我产生了这样的想法："根本不应该花那么多时间在这上面搞来搞去""我就是个电脑白痴"。在"固

定型思维主导下的情绪"一栏中，我写下了"沮丧"和"愤怒"，并标出了"中"。在我向自己问出"转变思维方式的问题"时，我决定采用腹式呼吸法和FLOAT训练法进行自我调节。当我的情绪逐渐稳定下来时，我感受到了感激和悦纳之情，我将这些感觉写在了"成长型思维主导下的情绪"一栏中。

如前所述，你的情绪转变有时可能是你陷入固定型思维陷阱的第一个线索。在这种情况下，你的首要任务是拿出一张成长型思维工作表，写下你在固定型思维主导下产生的情绪，这会对你很有帮助。回到成长型思维工作表的顶部，回顾固定型思维陷阱的6种模式。问问自己，在你的情绪发生转变之前，你是否遇到了一个或多个妨碍你实现自我成长的陷阱呢？如果答案是肯定的，那么你的情绪反应表明，你已经陷入了固定型思维。你还记得与这些情绪同时出现的自言自语的内容吗？就像我们在第3章中已经做过的那样，请你将你记得的这些想法记录在这张成长型思维工作表中。

总结

- 太过强大的固定型思维会挤占你实现自我成长的空间。
- 你的情绪反应可能是你观察到自己的固定型思维的第一个线索。
- 调整你的情绪，并问问自己：你的情绪是否与6个陷阱中的一个或多个有关？
- 注意这些情绪是否反映了你更关注自己是否有能力，而不是更关注自己是否提高了技能。
- 定期练习你的处理策略，以便在压力状态下也能抑制固定型思维主导下产生的情绪。让自己敞开心扉，去拥抱成长型思维。

使用成长型思维工作表来识别固定型思维主导下的情绪，并在遇到困难时降低你的情绪强度。

第 5 章
用于抵御固定型思维的成长型思维行动计划

CHAPTER 5

通往成长目标的道路上总是荆棘密布，处处可见令人沮丧的突发情况。一不留神，这些情况就可能会让你陷入固定型思维。如果你没有建立起坚固的防线去进行主动防御，固定型思维就可能会控制和引导你的行动。不知不觉，你就偏离了原本要通向成长目标的方向，停止了对世界的探索和对自我的鞭策，只能不停地在熟悉和安全的区域里兜兜转转。眼看着前方就是挑战地带，尽管你知道咬咬牙进入就可能会让你获得成长，但你却紧急刹车并头也不回地加速离开了，因为那也是可能暴露你短板所在的危险地带。你更喜欢在熟悉的赛道上前进、漂移，因为这让你看起来像一个冠军级赛车手；或者完全相反，你宁愿去选择一条极其艰难的道路，因为即使你没有获得成功，也仍然有一种挑战不可能的虽败犹荣之感。

如果你能发现自己正走在固定型思维误导的弯路上，那么你就可以重新回到由成长型思维指引的正轨上来。接着，你将学会通过观察自己在面对各种陷阱时的反应，来识别出固定型思维。你将学会从这些角度出发，制订由成长型思维主导的行动计划，然后在它的帮助下重回正轨。在通向成长目标的道路上，你会去主动寻求并接受有助于自我改进的信息，并清楚地意识到，自己在这个过程中难免会暴露缺陷和短板。

如何通过特定反应识别出固定型思维

在面对陷阱时，以下是 6 种固定型思维主导下的反应。

1. 对具有挑战性的任务的反应

在一整天的日程中，你会面临很多需要做出选择的时刻。对于一些无关紧要的事情，你很可能会采用最简单常用的方式把它们解决掉。例如，在早上上班前，你会顺手简单收拾一下房子，这样就可以空出时间来做一些更重要的事情，比如和孩子一起吃早餐或遛狗。然而，当你想做出改变时，你最习惯的行为方式却可能不是有利于你实现自我成长的最佳选择。

为了对你的生活做出重要改变，你需要改变自己已经习惯的生活方式，打破生活的平衡。举例来说，当心脏出现小问题时，你可能需要增加一些有氧运动，以更好地维持健康。为了符合你的自我提升目标，你要谨慎做出这样的改变。成长型思维会鼓励你，去看看当地发布的广告吧，以便了解健身房又提供了哪些新的有氧健身课程，即使它可能充满挑战。但固定型思维可能会拦着你，并警告你，参加一门新的健身课程将会暴露出你到底有多虚弱无力，所以你应该继续你已经习惯的晨练计划。成长型思维会让你刻意地选择一些能让你成长的活动，即使这些活动让人有点不舒服。而固定型思维会让你回到习以为常的、安全的日常生活中，因为新的活动可能会暴露出你原先从未发现过的不足。

你要如何判断自己的各种日常选择是否由固定型思维引导呢？让我们回到你在前文中看到的亚历山德拉的例子。

亚历山德拉在翻修公寓、发展事业和结识新朋友等方面都取得了一些进展。有一天，她在对自己的生活满意度问卷进行复盘时意识到，自己真正想要的是一份长期稳定的亲密关系。那么，她在日常生活中进行的各种选择有利于这个目标的实现吗？她在社交活动中非常活跃：她有着三五好友，他们相识已久，相处起来十分融洽，也时常相约吃饭、喝酒和看电影；她在自己加入的环保组织中感到非常自在，并在参加的各种会议中如鱼得水。然而，这些在固定圈子中进行固定活动的社交方式，与亚历山德拉希望寻找长期伴侣的目标是否方向一致？她是否在这些熟悉的活动中太过安逸，被固定型思维限制在了她的舒适区中？

如果亚历山德拉希望拓展交友恋爱的圈子，那么她应该考虑参加哪些活动？有哪些选择可以让她走出舒适区？要达到这个目标，她迈出的第一步应该是什么样的？

亚历山德拉有了以下想法。这些想法让她感到有些不安，但可以增加她建立起稳定的亲密关系的机会：

· 在线上交友平台创建一个账号，并发布征友帖子。
· 在她加入的环保组织中联系几位她感兴趣的成员，看看他们是否愿意和她一起喝杯咖啡。
· 在她的朋友和家人等亲近的圈子里发布消息，告诉大家她想要找个对象，并询问他们是否可以给她介绍。

以上这些活动都让亚历山德拉感到有些不自在。有固定型思维的人通常会问的问题是："我足够有吸引力吗？我足够有趣吗？"当有固定型思维时，亚历山德拉可以通过选择安全简单的方式，毫无压力地与她相识已久的朋友们一起度过轻松愉快的时光，不必非得绞尽脑汁地对这些问题做出一个让自己并不舒服的回答。而有成长型思维的人通常会问的问题是："我要朝着哪个方向前行，才能达到自己渴望的目标？"当有成长型思维时，亚历山德拉就会询问自己："我要如何才能找到一个可以与我分享生活的人？"她开始通过选择这些新的活动来努力改变现状，尽管它们颠覆了自己过往的生活习惯，实施起来有点儿困难，还让她感到有点儿紧张。

在固定型思维的主导下，尽管那些简单而熟悉的选择对你实现自己的成长目标并没有好处，但它们往往容易成为人们的直接选择。然而，固定型思维也可能会让风险很高的选择看起来极具吸引力。现在，让我们来看看固定型思维是如何驱动你去选择高风险行为的。还记得前文中出现过的杰西卡的例子吗？在经历了一次离婚后，她过得十分艰难，除了在孩子和朋友面前不断地贬低前夫，她还陷入了与其他有妇之夫不光彩的纠缠之中。为什么她会被这样的危险关系所吸引？固定型思维是如何在她这样的行为选择中发生作用的？

在经历过离婚后，有固定型思维的人通常会问自己："我有吸引力吗？"杰西卡要如何回答这个问题，才能让自己感觉舒服一点？此时，在固定型思维的驱动下，极端的选择（就是吸引到处于别的长期稳定亲密关系中的人）时有发生。这样的行为会让他们避免获得自己不具有吸引力的负面答案。即使对方拒绝了她，也并不能反映出她不够有吸引力或有趣。因此，她就可以避免暴露自己潜在的魅力不足。更为重要的一点是，一旦她成功地吸引了他们的注意，就证明了她比他们的伴侣更具魅力。然而，可悲之处在于，做出这种选择的她就错过了与真正合适的潜在伴侣建立连接的机会，也就错过了真正美好健康的亲密关系。

当你希望获得自我成长时，你可以主动做出一些有助于成长的选择，比如选择有点儿冒险、有点儿挑战性的活动。举个例子来说，如果想要提高自己的网球水平，你最好的选择是去挑战一个比你技术稍好的对手。这场比赛会更加势均力敌，时长更久，因而能给你提供更多的机会来提高实战技巧。你会不断地赢得一些分数，也会不断地失去一些分数，这将更能显示你的弱点何在。在持续时间较长的比赛中，你可能会发现，自己用正手击球赢得了大部分得分，而大部分失分都出现在反手击球上。在这次对战中，你的收获是认识到需要练习或者提升自己反手击球的技法。如果你在每场比赛中都能轻松击败对手，那么你就很难有机会去认识到自己的反手击球存在问题，也就无从得知自己在这方面需要精进了。但反过来说，除非你是拉斐尔·纳达尔（Rafael Nadal，西班牙职业网球运动员），否则与罗杰·费德勒（Roger Federer，瑞士职业网球运动员）比赛也不是一个明智的选择。因为他很快就会击败你，快得你都不知道自己在哪儿丢了球。

当你想要做出改变时，你需要留意各种迹象，问问自己，是否会为了避免失败而自动地陷入那些简单、舒适的选择之中。如果你能识别出自己在固定型思维主导下的安全而熟悉的偏好，那么你就可以走出舒适区，转向通往成长的正轨中去。

转向成长的机遇

请回顾一下你的生活满意度调查问卷。在你的社会生活、个人生活或工作方面，是否存在你十分重视但并不满足的领域？你是否陷入了某种生活状态的往复循环，感觉安全舒适，但却没有机会向外探索以获得成长？你是否拥有固定型思维，对某些挑战刻意回避？你又是如何发现这一切的？

写下你生活中被忽视的重要领域。你是选择了谨慎行事还是冒险为之？

_____

通过头脑风暴，回答以下能帮助你改善生活的问题，将答案填在横线上。

对于你并不担心搞砸的事情，你会选择如何对待？

_____

哪些活动能让你逃离一成不变的单调生活，但又让你感到有些不安、害怕？

_____

如果不用在意自己可能会看起来很傻，那么你会想要做些什么？

_____

如果你有足够的能力，那么你最想冒险一试的事情是什么？

当你的目的是获得成长时，要分外留心自己做出的选择。问问自己，自己止步不前的原因是受限于一项舒适安逸的事业，还是一项极其困难的事业？如果你想要获得成长，你需要考虑什么问题？要达成这个目标，你要迈出怎样的第一步？

有目的地进行挑战性适中的冒险，这样才能将你实现自我成长的机会最大化。请将冒险活动的具体行动安排放入你的个人日程表中。

2. 对困难任务的反应

当你重视的事情对你来说真的很难的时候，你会有何表现？当你发现自己全力以赴的任务对挑战者的身体素质和心理素质都要求极高的时候，你会作何感受？此时，你对自己的努力所做出的反应，就是你辨别自己思维方式的线索。

让我们再回到亚历山德拉的例子中。亚历山德拉决定通过练瑜伽来增强自己的体能。在中级瑜伽课上，有一个体式对她来说特别费力。亚历山德拉对这个很难完成的体式做出的反应，就是她辨别自己的思维方式的线索。她加倍努力地保持这个体式，并对教练的指导更加上心。在一周的时间里，她在自己家多次练习了这个体式。尽管课程的难度越来越大，但她仍坚持继续上课。这些反应都表明她在学习瑜伽方面有成长型思维。有成长型思维的人会对自己说，要想保持健康，就要努力锻炼。当你能接受健身并非朝夕之事的事实时，你就会更加坚强、更加勇敢地直面困难。

那么，在面对这个难以完成的体式时，什么样的反应表明自己正拥有固定型思维？有固定型思维的人会对自己说："我之所以觉得难是因为我根本就不适合练瑜伽。如果我适合，那我应该很容易做到这些。"这种思维方式会如何影响亚历山德拉练瑜伽的决心？她还会细心听从教练的指导吗？她还会抽出时间自己在家练习吗？她会因为练习变得越来越难而干脆直接退学吗？

你可能会发现，迈出通向成长的第一步，对你来说可能是最容易的事了。然而，你对不断增加的困难所做出的反应，可能才显示出你真正的思维方式。所以，当你发现自己在为一些重要的事情苦苦挣扎时，要注意自己表现出的反应。请使用下面的例子来进行练习。通过扮演例子中的角色，努力感受他们在克服困难的过程中思维反复缠斗的感觉，并想象一下，当拥有不同的思维方式时，你会分别有何表现？

首先，想象一下，你是一名梦想成为药剂师的大二学生。在生物期末考试的前两天，你要参加由助教指导的复习课。在复习过程中，你很难理解"线粒体的功能"这个知识点。这个知识点本身就是课程中的难点之一。试着想象一下两天后就要考试却对这个知识点还毫无概念的那种紧张感。此时你可能会采取的行动是什么？是开始调整注意力，列出各种细胞器的不同功能，还是开始走神，给朋友们发信息聊点别的？你是全程参加了复习课，还是听了一半就匆匆离开？考试的前一天晚上，你会做些什么？是晚饭后继续复习，还是先和朋友玩一会，然后再通宵恶补？

有固定型思维的人会问自己："我能胜任这个角色吗？"对知识点感到困难，就意味着自己不够格成为一名药剂师。你要如何摆脱这个令人不快的结论？如果你选择了逃避那些让你头疼的活动、去给朋友们发发短信、提前从复习课上翘掉、拖延一会儿再去恶补等，那么这些行为都表明你拥有固定型思维。成长型思维会让你理解，要想成为一名药剂师，就要为获得必需的技能做出必要的努力。它鼓励你在遇到困难时集中精力并咬牙坚持，你越是付出努力，就越是思路清晰。着手梳理知识点，在复习课上全程认真听讲，合理安排时间认真复习还没掌握的概念，这些都表明你拥有成长型思维。

识别自己的思维方式

为了发现自己在面对困难时的反应,请试着闭上眼睛,回忆一段你朝着成长目标前进的经历。也许是演奏一种新的乐器、学习一项新的运动,或者是发展一段新的亲密关系。那是一段什么经历?

你是否能在某种程度上体验到这项任务的艰巨性?试着想象一下你在困难时刻的痛苦挣扎。当时发生了什么事?你在哪里?还有谁在那里?

你的感受如何?

你在当下做出了什么样的反应?例如,你是否能保持对当下状况的专注?你有没有试着在精神上或身体上将自己从当下现实中抽离出来以求逃避?你是转向了一项无关的活动,还是你意志坚定,继续坚持?你是否让自己的注意力更加集中?你有没有采取措施让自己全身心地投入这项困难的任务中?

你的反应表明你是拥有成长型思维还是固定型思维。几乎每个人都会在执行重要任务遇到困难时产生一些与固定型思维有关的反应,这是非常正常的。当你从来都是一帆风顺,却在某件事上屡战屡败时,情况尤其如此。在这里,获得成长的关键是,你要能识别出那些表明固定型思维的反应,主动将其转变为成长型思维。

当你在通向成长的大道上前行时,请调整自己对努力所做出的反应。问问自己,你的反应是表现为认真专注、积极参与和坚持不懈(成长型思维),

还是表现为分心逃避、拖延不决和躺平摆烂（固定型思维）。

3. 对进度评估的反应

当你对自己通往成长目标的进度进行评估时，你会有何表现？你的行为就表明了你正拥有什么样的思维方式。让我们以两种不同的场景为例，来分别说明这两种思维方式是如何表现的。

首先想象一下你还是那名大二学生，你刚刚参加完一场难得不得了的生物考试，不但有多选题，还要写篇小论文。在课上，教授把批改好的卷子发给大家。你可以看到，一个鲜红的 C 赫然出现在自己的试卷顶部，教授还在旁边写下了大量评语。

现在，再停下来想象一下你可能会做出的反应。你是会被这个鲜红的分数刺痛，赶紧把试卷塞进书包里，然后告诉同学你因为突然感觉不舒服考砸了，还是会拿着试卷直接回到宿舍，把它扔在桌上然后倒头大睡？你会找个地方，静下心来认真阅读批改内容并进行复盘，还是会直接约见教授，请他在课后帮你分析一下你的考试情况？

有固定型思维的人通常会认为，能力是不可改变的。它可能很高，也可能很低，但你对此无能为力。当拥有固定型思维时，你会认为自己如果真的很聪明、很特别或很优秀，那么进步应该会很快，结果应该会很完美——这场生物考试就应该考得很好。你对自己的进度评估是非黑即白的，没有其他的中间地带。任何不是 100 分的成绩都是不可接受的。拿了一个可怕的 C，就意味着你的不足被暴露出来了。固定型思维会告诉你，你不能改变自己的能力，但是你可以选择甩锅以平衡心态。比如告诉大家你在考试时突然感觉不舒服，为你的不佳成绩找个借口，你的能力就显得没有那么差；或是你会完全拒绝评估，比如回到宿舍就把试卷扔到一边，然后蒙上被子倒头就睡，从而避免收到任何关于你能力不足的恼人信息。

有成长型思维的人通常会说，尽管你的能力在一开始可能并不强，但你可以提高它。要想成为一名优秀的药剂师，你需要通过不断积累来提升技能，所以你对自己的评估标准也需要不断变化。任何微小的进步都是进步。无论一个步子迈得是大还是小，这都是一个在连续谱上不断向前推进的过程。你对自己目前的技能水平的评估是现实的、正确的，你还能将其作为有效信息，指导自己继续向前迈出下一个步子。尽管拿到 C 的成绩是令人沮丧的，但成长型思维会引导你去接受这个现实，并对它进行分析，比如静下心来阅读教授的评语，或是约教授讨论一下，然后从中获得改进的经验。

再举一个例子，想象一下你是一个名叫马塞尔的成年人，你正在参加高中毕业 15 周年同学聚会。毕业后，你就离开了家乡，在外乡经营着自己的园林绿化生意。这是你第一次参加同学聚会，你希望与过去的朋友重新取得联系，再结交些新朋友。你的一位老同学和你聊起他也是个企业家，开了一家汽车修理店。作为一名背井离乡、白手起家的创业者，你太知道创业过程的酸甜苦辣了，尤其是在雇用员工、拓展客户群方面，你可是经历过不少大风大浪才走到今天的。

现在，根据两种不同的思维方式，想象一下你会在这场交谈中做出什么样的反应。

第一种反应是，你会在聊天中占据绝对主导地位，对自己的成功经验夸夸其谈，比如宣称自己有多大规模的客户群，在你同学讲话时打断他，问他几个创业问题考他一下，或者你并不打算和他分享自己的经验，只是微笑不语或是转身离去。第二种反应是，你会和他共同探讨创业过程中的成功和风险，并在管理团队和市场营销方面向他取取经。从你对自我评估的反应中，可以看到你的思维方式。你意识到自己的创业故事是有笑有泪的。固定型思维会告诉你，成功意味着一帆风顺，你应该拥有优秀敬业的员工以及庞大忠实的客户群。任何不顺都意味着你不是个做生意的料。对于这个让人痛苦的评价，最好的处理办法就是跟大家隐瞒你的失败，藏起你的不足，比如远离以前的老同学，或是夸下海口，告诉大家自己经营有道，已经是个成功的企业家了。

而成长型思维则会告诉你，尽管你在园林绿化企业的经营过程中不可能做到面面俱到，但随着时间的推移，你可以逐渐积累经验。创业公司的进步与发展是循序渐进的，它不可能一口气就成为行业巨头。你会对自己的业务表现、员工管理水平和与客户的关系等方面进行现实的评估，并对其进行分析，从而指导企业的进一步发展。这种关于自我评估的反应有助于你获得更多对公司发展有益的信息。这次和经营汽车修理店的老同学交谈，就是一个不错的机会，你可以与他分享自己在创办新公司时面临的挑战，在管理员工和扩大市场方面，你也会得到他来自不同行业角度的有建设性的想法。

识别自己的思维方式

为了发现自己在进度评估时的反应，请试着闭上眼睛，回忆一段你需要对自己在某个重要领域中所取得的进步做出自我评估的经历。也许是在人际交往领域，也许是在职业成就领域。那是一次什么经历呢？

你还记得自己获得的进步得到肯定的那一刻吗？当时的情况是什么样的？谁在那里？

这些信息对你有何影响？

你是如何向自己或他人描述评估结果的？如果表现不好，那么你有没有为自己找个借口逃避责任？你是否夸大了自己的实际表现？

你是否获取到了具有建设性的改进信息？

你的反应是促进了还是阻碍了你的成长？这是如何发生的？

当你在处理自己关心的事情时，如果有人对你的进步进行评估，那么你就要保持警惕。在那一刻停下来考虑你的选择。你能克制住夸大自己的表现吗？你能真实地描述自己的优点并承认自己的缺点，以便获得改进的方法吗？

4. 对错误的反应

当你发现自己犯了错误时，你会有何表现？你的行为就表明了你正拥有什么样的思维方式。

让我们再一次回到亚历山德拉的例子中。她已经考取了律师助理资格证，并在公司里获得了晋升，承担了许多新职责，这一切都是那么令人振奋。可是，当老板有次派她去取一份重要文件交给公司法务进行内部审查时，她却错误地将文件通过电子邮件发给了一位公司外的律师，因此意外泄露了一位重要客户的机密信息。

请想象一下，如果你是亚历山德拉，你在当下就意识到了自己的错误，那么你会有何感想？

你的思维方式会如何影响你的下一步行动？你是会向老板报告这个错误，再三道歉，然后立即提出辞职请求，还是会迅速致电收到这份电子邮件的律师，请求他立刻删除这份文件？或者干脆三缄其口，悄悄压下这个事情，绝不向老板汇报错误的发生？又或者是先行自我分析为何会犯下这个错误，然后将分析情况报告给老板，并向他们征求处理意见？

固定型思维会告诉你，犯下错误就意味着你不够好，它会向全世界宣告你的不足。当有固定型思维时，亚历山德拉可能会被一个毁灭性的结论打得不能翻身。她可能会认为自己不能胜任这份新工作，所以只能提出辞职，以免生出更多事端；她也可能会向老板隐瞒错误，或者干脆甩锅给别人，以免暴露自己的无能。

成长型思维则会告诉你，错误是进步过程中必不可少的一部分。如果你没有犯过任何错误，那就意味着你没有做过任何具有挑战性的事情。当有成长型思维时，亚历山德拉会承认，随着她升上新的岗位，肩上也多出许多新的责任，错误是不可避免的。尽管犯下这个错误实在令人沮丧，但她的反应是更想要弄清楚：是不是由于自己太过着急递交文件才会发生这样的情况？自己是否再三确认过电子邮件的地址？是否有其他更重要的事情在当时分散了她的注意力？她会选择如实向老板汇报这个错误，并承诺不会再犯，以期成为一名更加称职的律师助理。

处理错误并非易事。有些错误的影响极其深远，它们可能会造成毁灭性的后果。因此，你对重大错误的本能恐惧，就会导致你形成一种对所有错误都立刻感到厌恶的固定型思维。大部分人会发现，对于同一个错误类型，不同的人会做出不同的反应。但更为重要的一点是，你要能辨识出你在固定型思维主导下对错误的反应，比如忽略错误、隐藏错误或是掩饰错误，这样你才能有意识地阻止固定型思维，并做出在成长型思维主导下的正确行为。成长型思维主导下的行为有助于你实现自我成长，比如接受错误发生、诚实承担责任、进行原因分析以及制订具体改进计划等。在前几章中，你已经学会了如何在犯下错误时识别出固定型思维主导下的想法和情绪反应。你也可以通过对自己的行为加以关注，来识别自己的固定型思维。

识别自己的思维方式

为了发现自己在犯下错误时的反应,请试着闭上眼睛,回忆你在追求自己所重视的事物的过程中犯下的一次错误。你也可以回忆一下,在填写生活满意度调查问卷时,你所填写的可能犯下的错误类型。

描述一下这个错误。你犯下这个错误的背景是什么?这个错误是发生在社会层面、个人层面,还是与职业发展、工作效能或是事业成就有关?

_____

想象一下,如果自己正处在错误被暴露于人前的那一刻,你会有什么感受?

_____

你是怎么想的?你是独自一人还是有他人在旁?

_____

其他人的反应是什么?

_____

你的反应是什么?你有没有试图去隐瞒这个错误?你有没有试图通过甩锅给别人来保全自己?如果是,那么你的甩锅对象是谁?

_____

你是否认为这个错误无关紧要,甚至完全无视它的存在?

_____

你自己认识到错误已经发生了吗?你向别人透露了这件事吗?

_____

如果他人能帮助你做出改进，但会对你进行严厉批评，那么你会告知他们你犯了错误吗？

如果承认了错误的发生，那么你接下来会采取什么措施？你会对错误进行复盘分析吗？你能从错误中学到些什么？你会将自己从错误中学到的经验运用在指导未来的个人发展上吗？

你是否出现了复杂多样的反应？请识别出你在固定型思维主导下做出的反应。当有成长型思维时，你又会如何表现？

你因为犯了错误而做出的反应可能不是经过深思熟虑的反应。有固定型思维的人会将犯错等同于无能，因此，做出向他人隐瞒错误的即时反应也是很自然的事。当你犯了错误时，请抽出一些时间来检查你可能做出的各种反应。在那一刻，你有哪些可行的选择？什么选择会表明你正拥有固定型思维？又是什么样的选择会让你转向发展成长型思维？

5. 面对赞扬或批评时的反应

出于各种原因，你会向生活中的各种人寻求帮助。当你心绪不佳的时候，你可能会更喜欢和那些积极、有趣、快乐的人交往，并试着避开那些喜欢抱怨或过于消极的人。这显然是一个非常简单直接的选择。但是，当你想要获得发展、改进，哪怕是听到逆耳忠言的时候，你又会找谁来帮你？

让我们回到第 4 章中那位正在申请工作的研究生的例子上。想象一下，你正是这名研究生。作为求职流程的一部分，你要做一个演讲，并回答听众提出的一些棘手问题。随后，你将与一组面试官会面，整个考核持续两天时间。整个考核过程让你感到精疲力竭,但你却依然对这份工作十分有兴趣,你也非常喜欢这个工作团队。几周后,你收到一封电子邮件,上面写着"感谢您的申请,但我们不得不遗憾地通知您,我们已经选择了另一位候选人"。

想象一下,你收到了这封将你拒之门外的电子邮件。想想你在研究生期间数年的苦读,就是为了进这家公司而全力以赴进行的准备;想想你为了这次面试,几周来反反复复修改自己的展示计划。请你全身心地沉浸在这种失望至极的感受中。几乎每个人都经历过类似的重大遗憾。现在,请你从两种思维方式的不同角度,思考一下自己可能产生的想法和感受。

现在要怎么办呢?你的选择是什么?面对这个令人沮丧的结果,你会向谁寻求帮助以摆脱困境?出于本能,你会向一些朋友和家人寻求支持。尽管在事业上的失败让你看起来灰头土脸,但你还是会想要赶紧联系真正关心你的人。他们也许对你的工作不太了解,但他们会陪在你身边,说些温暖的话,或是紧紧地拥抱你。他们会鼓励你再去试试修改你的简历,精进你的演讲,你也这样做了。

然后呢?在不同的思维方式下,你又会做出什么选择?你是否会和你的学术顾问或是业界同行聊聊,然后问问他们对你简历的建议?如果是,那么你会找谁?你是会找一位教大课的老教授(他会称赞你的努力,但很少给出具体建议),还是会找一位直系的专业导师(他可能会在关键问题上点醒你,但他不苟言笑,甚至对你有点严苛)?

固定型思维会让你认为权威人物是自己的胜任力的绝对判官。受到权威人物的赞扬意味着你高人一等,而他们的批评则意味着你能力不足。固定型思维会告诉你,要极力避免那些你不喜欢的反馈,要亲近那些赞扬你的人,躲开那些批评你的人。当拥有固定型思维时,这位研究生就只会接近那些赞扬他的努力和能力的人。

而成长型思维会让你将其他各种人群都视为潜在资源,你会对所有能为你提出合理建议和进行有效指导的人一视同仁。他们可能辞色俱厉，也可能和颜悦色，但其中至关重要的一点是，他们给出的建议是准确的、可行的，是有助于你提高技能、获得成长的。有成长型思维的人会认为，如果能收到有用的建议，哪怕受到些许批评又何足畏惧。在成长型思维的主导下，这位研究生便鼓起勇气约见了直系导师，尽管他感到有些害怕，但直系导师给出的建议实在是精彩至极。

请注意：我并不是建议你非要去贬低你、辱骂你或批评你的人那儿找虐。即使他们能给出一些建议，但若要承受这样因权威滥用而产生的痛苦，也是很不值得的——你还有许多其他的选择。我所定义的"潜在资源"，是指那些尽管会让你感到有些压力，对你有些严苛，但可以对你的弱点和长处进行实事求是的观察，并提出切实可行的改进建议的人。

识别自己的思维方式

为了发现自己在面对赞扬或批评时的反应，请试着闭上眼睛，回忆一段你想追求自己重视的事物却被狠狠打击的经历。也许是一次升迁失败，也许是在团队合作中受挫，又或者是亲密关系产生裂痕。每个人都有失望的经历，让你失望的事情是什么？你当时在哪？发生了什么？

你有没有向他人寻求支持？如果有，那么他们是谁？他们是如何支持你的？

你有没有向权威人物寻求指导，以求获得改进？你能否回忆起一次你希望获得他人建议的经历？如果答案是肯定的，那么你会找谁？

他们是否给出了有效的指导意见？

___

你是否经历过严苛但有效的指导？

___

如果你当时选择不去求助他人，那么是因为发生了什么事？是因为没有人脉，还是因为固定型思维让你对求助他人心生畏惧？

___

在经历挫折之后，向那些无条件关心你的人寻求帮助是很正常的一件事。然而，当你要继续向其他人尤其是权威人物寻求建议时，请注意识别自己的反应。你是否看到了固定型思维出现的迹象——你是否会只愿人们对你欢呼赞美，而对逆耳忠言避之不及？如果是这样的话，那么请你停下来想一想成长型思维会让你做出什么选择。

6. 与同辈群体比较时的反应

当你听说某人在某方面表现出色，而你又很在乎这一方面时，你会有什么反应？从你的反应中就能发现你正拥有什么样的思维方式。

让我们再次回到那个研究生的案例中来，他正因为被梦寐以求的公司拒之门外而感到失望至极。再次想象一下，你就是那个失意的研究生。

当你刚打起精神来修改你的简历和演讲展示时，却从朋友那里听到一些消息：一位同学不但收到了录用通知，还收到了两份。这个消息让你又一次感到五雷轰顶。看着你的同学兴奋地和系里的老师分享这个消息时，你会有什么感觉？当你孤注一掷却铩羽而归，而她却在两个香饽饽中烦恼地权衡哪个更好时，你又会有什么感觉？你会怎么想？

从两种不同的思维方式来思考一下，你接下来会做出什么反应？在向你的同学表示祝贺之后，你做了些什么？你是不是封闭了自己，在小组讨论课上再也不和她说话？你有没有在背后到处说她坏话，或是悄悄跟好朋友说，她之所以收到两份录用通知是因为她的女性身份，她是公司为了兼顾多元性而不得不选的员工？还是你会勇敢地联系这位同学，向她取取经，询问她在面试中受到了哪些挑战，她又是如何一一解决的，并给她你的简历，和她聊聊你该如何做出改进？

固定型思维会告诉你，他人的成败是你衡量自我价值的标准。他人获得成功就意味着你不够优秀，他人遭遇失败则意味着你高人一等。在这种思维方式下，你通常会如何面对他人的成功呢？你可能会跟他们保持距离，以避免在比较中败下阵来。你也可能会贬低他们的成就，这样你看起来就不会那么糟糕。当拥有固定型思维时，这名研究生就会拒绝与其他成功的同学进行交流，或是想方设法去否定对方的成功，这样一来，他就不会像个窘迫的失败者了。

而成长型思维则会告诉你，别人的成功对你来说是一个机会，能让你发现自己该如何改进。你应当和成功的同辈群体多多接触，这样就有机会学到他们的成功经验。当拥有成长型思维时，这名研究生会和他成功的同学多聊聊，听听她的面试经验，再向她征求自己该如何修改简历和进行个人展示的建议。他还会与她保持长久的联系，因为她可能是他未来的职业发展非常重要的人脉资源。

识别自己的思维方式

请试着闭上眼睛，回忆一段这样的经历：当你正在千辛万苦地为某件你很重视的事情不断努力时，你突然听到某位同辈在这个领域中获得了惊人的成功。几乎每个人都会有这样的经历：当你还在苦苦寻觅你的真命天子时，别人已经和爱人山盟海誓了；当你还在吃减脂餐、疯狂健身以便瘦下一公斤时，别人却已经轻松练出了魔鬼身材；又或者就像我现在这样，吭哧吭哧才把手上这本处女作写了一半时，却得知已经著作等身的同事又出版了一本新书。

请描述一下这个场景。你正在为什么而奋斗？你是怎么听到这个消息的？是谁告诉你的？

想象一下，你在艰辛奋斗时听到消息的那一刻，会有什么感受和想法？

你会如何评价你的同辈所获得的成功？你会不会去贬低他们的成就？你有没有刻意回避他们？还是你会与他们更加亲近，更多地与他们接触，以便了解他们是如何取得成功的？

你做出的反应表明你拥有固定型思维还是拥有成长型思维？如果它表明你拥有固定型思维，那么成长型思维会引导你做出什么表现？

成长型思维会告诉你，别人的成功能让你看到达成某个目标所需的条件。你可以通过分析他们的表现来改善自己。当然，你可能并不具备他们身上的某些优势，但谁又能说你没有其他比别人更强的地方？

当你得知别人在一个对你很重要的领域取得成功时，请停下来思考一下你会做出什么样的反应。尤其需要注意的一点是，你是否出现了回避和贬低等消极的反应？虽然出现这些反应是人类天性中再正常不过的情况，但它们的出现表明，此刻固定型思维已经在你心中占据了主导地位。而更重要的一点是，当你能将其识别出来时，你就能更好地向成长型思维转变，并对自己的下一步行动进行有益的指导。

如何制订成长型思维行动计划

你被前面我们总结出的各种陷阱弄得焦头烂额的时候，正是潜伏的固定型思维要跳出来攻击你的时刻。你要如何才能站稳脚跟？答案是识别出你的自我限制式反应，并将其作为警示信号。当"红灯"亮起时，你就要赶紧采取行动，转向成长型思维。在此，我们要学习如何制订成长型思维行动计划，积极参与而非消极回避。你难免会产生"我是否足够聪明、足够可爱、足够优秀"的质疑，但不要因为在成长的过程中可能会暴露短处而拒绝成长，而是应当尽力抓住每一个机会去实现自我成长。

请把这些机会想象为你在不断成长的道路上，充满好奇地想要探索并成功完成的任务。尽管你可能会感到恐惧、不安，但你还是会勇敢地选择最具挑战性的任务，付出应有的努力，真实地评估自己的表现，积极地从他人那里获得反馈，并与同辈群体进行有建设性的比较。

当你被固定型思维主导，你的思维和情绪不断地警告你、诱惑你，让你认为外面的世界很危险，让你待在舒适圈躺平时，你要如何才能制订和执行好你的成长型思维行动计划？答案是，就像自己真正拥有成长型思维那样，去勇敢地做你想做的一切。即使你正在经历焦虑、愤怒、自大或嫉妒等情绪，你好歹也能做出些成长型思维主导下的行动来。即使你对自己的胜任力充满质疑，你也要记住自己通往个人成长目标的规划蓝图，并坚持继续向前迈进。

你可以使用第 4 章中的 FLOAT 训练法来完成此操作。还记得这项技术的最后一步吗？那就是要求你以成长型思维来行事，而忽略自己正在经历的固定型思维主导下的情绪反应。研究表明，积极地改变你的行为，也能对你的情绪和想法产生正向的改变作用。当你的思想和情绪都在大喊"快跑"时，通过以下技巧，你就可以从固定型思维的手中重新夺回控制权。

技巧一：坚定执行你的成长行动计划

首先，选择一个你有所期待，但又不是高度重视的领域，以此作为起点，开始练习实施成长行动计划。例如，假设你非常想要提升自己写小说的技能，而在提升厨艺方面，你只希望能在招待朋友时小露一手就好。尽管在提升这两个领域的技能的过程中，你都可能会产生固定型思维，但选择烹饪领域来执行你的成长行动计划，你会更容易获得成就感。

以你在烹饪领域的成长行动计划为例：

1.选择一个难度适中的任务，这个任务有可能让你获得成长，但也有可能会暴露出你的某些不足。（例如，选择一个难度适中的食谱，你希望学会这个食谱，但学起来会有一点点困难。不要选择对你来说太过容易的食谱，也不要选择过于复杂、几乎任何人做了都可能会失败的食谱。邀请三五好友过来品尝，其中包括一位你仰慕其厨艺的朋友。）

2.当任务略显棘手时，全身心地投入其中。（当这份食谱需要你花费更多心思完成时，坚持下去。尽量不要在朋友面前隐藏你的努力，不要让他们误认为你轻而易举就能做出这道美食。）

3.对自己的表现进行现实的评估。（从0到100分，你会给自己做这道菜的整个过程打多少分？如果你表现不佳，请尽量不要为自己找借口；如果你做得很棒，也不要过分夸大自己的本事。你会用不同的方式做这道菜吗？你对时间的掌握如何？你会如何改进这个食谱？你在整个过程中有哪些做得好的地方？你是如何完成这道菜的？）

4.对错误进行分析，以促进你的成长。（如果酱汁太稀，就想一想原因出在哪里。是收汁时间不够，还是芡粉添加不足？）

5. 与那些能为你提供建设性反馈意见的朋友聊聊，他们的意见有助于你的成长。（尤其是那位你仰慕其厨艺的朋友，可以请对方给出一些关于这个食谱和你的操作过程的具体建议。比如他认为你做得好的地方有哪些？他会有哪些不同的做法？）

6. 与他人进行建设性比较。（问问你的朋友，他们欣赏哪些名厨？在现实生活里，他们是否认识某位精于厨艺的朋友？这位朋友发展了哪些特定技能，让自己的厨艺表现特别出色？例如，他是擅长烘焙点心，还是擅长做烤肉？他参加了烹饪课程吗？他阅读了烹饪书籍或浏览了烹饪网站吗？他请了老师进行专门指导吗？）

你越是想要在自己非常重视的领域获得成长，就越需要事先在不那么重要的领域多练练手，以做好充分准备。例如，在最开始的例子中，你还可以在开始练习写小说之前，去执行一些更轻松愉快的成长行动计划，比如在酒吧里更自在地随着音乐摇摆。

现在，轮到你来实践你的成长行动计划了。请思考一下，选定一个你有所期待，但又不是高度重视的领域，并制订一个如前文所述的包括6个行动步骤的成长行动计划。这可以与你的个人生活、社交活动或是职业生涯有关，也可以与你正在努力提升，但尚未提升到更高层次的事情有关。例如，你喜欢做点小玩意，会在业余时间玩玩木雕。你已经很擅长制作一些小巧的装饰性木盒了。请你思考一下，你能否走出舒适区，让自己的木雕制作技艺更上一个台阶，比如制作一个更复杂的盒子，甚至是一个小桌子？你需要选择适当的难度，而不是定下类似制作整套餐桌椅这样不切实际的目标。

成长行动计划

1. 选择一个难度适中的任务,这个任务有可能让你获得成长,但也有可能会暴露出你的某些不足。(不要选择对你来说太过容易,让你做起来能像超级巨星那样闪耀全场的简单任务,也不要选择过于复杂、几乎任何人做了都可能会失败的任务。)

将其写在横线上:_____

2. 当任务略显棘手时,全身心地投入其中。(当这项任务需要你花费更多心思完成时,坚持下去。直面困难,迎接挑战,并适度地与朋友分享你的努力,不要试图让人们觉得你是轻而易举就能完成这项任务的。)

3. 对自己的表现进行现实的评估。(从 0 到 100 分,你会给自己完成这项任务的整个过程打多少分?如果你表现不佳,请尽量不要为自己找借口;如果你做得很棒,也不要过分夸大自己的本事。你会用不同的方式完成这项任务吗?你对时间的掌握如何?你会如何改进任务过程?你在整个过程中有哪些做得好的地方?你是如何完成这项任务的?)

4. 对错误进行分析,以促进你的成长。(你在完成任务过程中犯了哪些错误?原因出在哪里?你能采取措施防止下次重蹈覆辙吗?)

5. 与那些能为你提供建设性反馈意见的人士聊聊,他们的意见有助于你的成长。(尤其是请你仰慕的专业人士给出一些关于这项任务和你的任务过程的具体建议。比如:他们认为你做得好的地方有哪些?他们会有哪些不同的做法?)

6. 与他人进行建设性比较。(问问其他人是否认识在你当前为之努力的领域中特别杰出的人士。这些人士发展了哪些特定技能,让自己在这个领域表现特别出色?他们参加了课程吗?他们有哪些书籍或网站可以推荐?他们请了老师进行专门指导吗?)

你可以依据上面的成长行动计划,来帮助自己制订成长行动计划。在发展你的技能时,请确保自己妥善完成了这 6 个行动步骤中的所有步骤。即使你发现了固定型思维的警示信号,也请你坚持运用成长型思维,通过实践这些步骤来进行循序渐进的探索,从而获得提升、成长。选定一个你有所期待,但又不是高度重视的领域,制订一份成长行动计划,并坚持每周都进行练习。通过不断练习,你就能更加充分地做好准备,在自己非常重视的领域获得成长。

你可能会感到担忧,甚至会想要逃避,但充分投入到这6个成长行动步骤之中,对你的成长来说是非常重要的。如果你能从一个你有所期待,但又不是高度重视的任务开始练习,那么,你将会获得许多经验和成就感,这些正反馈能帮助你获得信心,从而更加自在地去探索和实现其他目标:选择一个难度适中的任务,全身心地投入其中,对自己的表现进行现实的评估,对错误进行分析,并从他人那里获取有助于你成长的建设性信息。

技巧二:使用成长层级工作表处理困难的成长行动步骤

在执行成长行动计划的过程中,你可能会发现,在这6个步骤里,有一些步骤比其他步骤更难一些。例如,有些人擅长与业界同行取得联系,他们轻而易举地就能获得业界同行有益的反馈。但如何联系专家,并从他们那里获得关键的改进信息,对这些人来说却可能是个难题。有些人抗压性强,在面对压力时能加倍努力、迎难而上,但他们也许会害怕承认和分析自己的错误,从而难以从失败中汲取经验。

那么,你的情况又如何呢?你是否会因为遇到困难就跳过或逃避某些行动步骤?请拿出你的成长行动计划,仔细查阅你做出的回应,并思考一下,你最有可能跳过或逃避这6个步骤中的哪一个?

也许你会跳过"与那些能为你提供建设性反馈意见的人士聊聊"这一行动步骤。当拥有固定型思维时,你会将这些人视为评判你能力达标与否的判官,你认为他们掌握着你的生杀大权,因此你当然会对他们避之不及。举例来说,有一个在音乐学院学习古典小提琴的学生,他会用成长型思维武装自己,并在大部分时候都用它来指导自己的行动。也就是说,他会选择练习难度适中的乐曲,全身心地投入学习,通过每天努力练习数小时来提高技能;他也对自己的进展进行了现实的评估，了解了自己的优势和劣势（并且可以看到自己确实在取得一些进步）；他还会接受自己在演奏中出现的错误，分析错误的原因，并带着积极心态和同辈群体进行建设性比较。但是，他却害怕面对专家，他总会跳过这一步骤，难以向他们寻求关键的改进信息。当有机会从学院里的音乐大师那里获得反馈时，他却远远地逃走了。他感到焦虑极了，尽管他总会不停地告诉自己，这是一个千载难逢的成长机会，但他却无法控制地拖延和逃避。他还是喜欢和他的小导师待在一起，对方会赞美他的表现，但却不能提供更多提升他演奏水平的专业意见。他甚至完全拒绝一切来自更高水平的专家的反馈，只愿意待在舒适圈里。

这会是你的故事吗？你是会求知若渴地向专家寻求有助于自己成长但可能有些严苛的专业建议，还是会碍于他们的权威，禁不住瑟瑟发抖，逃之夭夭？如果你会逃避这一成长行动步骤，那么你就可以使用成长层级方面的技巧来解决这个问题。以下是前文中学习古典小提琴的学生使用这种技巧来帮助自己获得成长的例子。

成长层级工作表：从专家那里获得建议

说明：当你因畏惧专家的权威而想要逃避时，就请使用这份工作表来帮助你克服心理障碍。

1. 列出可能有帮助且能联系到的专业人士，并按照从最易接触到最难接触的顺序进行排列。
2. 从最易接触到的联系人（第一行）开始，安排你联系他们的时间和方式。
3. 联系他们，并安排会面的时间。
4. 总结你从会面中获得的经验教训。详细写出他们对你职业发展的具体建议。

联系专家难易排序	联系日期与方式	面谈时间	面谈收获
1.亚伯	今天下午3点，写封电子邮件联系	下周二下午6点	着重练习节奏感和低音区演奏技巧
2.阿比盖尔			
3.特蕾莎			
4.杰拉尔德			

为了能逐渐减少向专家寻求建议时的紧张感，这位学生首先选择了一位易于接触的导师亚伯。他在表中安排了自己与亚伯联系的时间和方式，并约见对方，强忍内心的忐忑，在亚伯面前进行了一场表演。然后，他在表上记录下了自己从亚伯那里得到的建议。接下来，他继续重复这个过程，对名单上下一个更令人生畏的导师阿比盖尔进行了同样的操作，并以此类推，直到他在名单上最威严的导师杰拉尔德面前表演，并得到他的反馈。

在成长层级工作表的帮助下，你可以逐级将自己暴露在"从专家那里获得建议"这件令你感到忐忑不安的事情面前，从而实现系统脱敏。你还可以使用同样的技巧，帮助自己从表现出色的同辈群体那里获得建议。即使你从不会在向他人寻求建议这件事情上感到发愁，你也可以通过使用这张工作表，来帮助自己梳理并发现各种可能对你有所帮助的人脉关系，并制订与他们取得联系的计划。

又或者，你想要逃避的是"对错误进行分析"这一成长步骤。当拥有固定型思维时，你会认为犯下错误意味着自己能力不足，因此便自然而然地想要逃避这一行动步骤，通过找借口来让自己心安理得一些。这是另一种常见的情况，使用成长层级技巧也能帮助你解决这个问题。

让我们再来看看这个例子。假设你是一名职场新人，正努力让自己在工作中更加有条理一些。你已经采取了许多行动步骤来改善自己。例如，你咨询了很多人，向他们寻求如何让自己变得更有条理的建议。你能认识到这可能是一个十分艰难的过程，并做好了全身心投入、加倍努力的心理准备。然而，你还没有真正遇到过自己犯下错误的真实场景，因此你对此没有一个清晰明确的认知。那么，就让我来告诉你吧，假设你在工作中错过了重要的时间节点，这是一件可能会让人感到十分痛苦的事情，为自己找借口的做法也是在这种情况下会自然而然出现的反应。

那么，你该如何使用成长层级工作表来解决"对错误进行分析"这一成长行动步骤带来的困扰？以下是职场新人使用该技巧帮助自己"在工作中更加有条理"的示例。

成长层级工作表：面对和分析错误

说明：当你因畏惧面对和分析错误而试图逃避时，就请使用这张工作表来帮助你克服心理障碍。

1. 列出与你的成长目标相关的错误，并按照从最易面对到最难面对的顺序进行排列。
2. 从最易面对的错误（第一行）开始，安排你直面这个错误的时间。
3. 在指定的时间对错误进行分析，并提出一个具有可操作性的改进方案。
4. 在接下来的两周内，每天都要雷打不动地坚持执行这一方案。
5. 在"收获"一列下，记录下你的进展：你获得了什么改变？有什么成长？

面对错误难易排序	处理日期	改善方法	执行方案	收获
1. 晚回重要邮件	周二下午三四点	根据重要性逐级标记电子邮件，并在24小时内回复重要邮件	在接下来的两周内，每当收到电子邮件时，我都要根据重要性分级标记电子邮件，并在24小时内回复重要邮件；在日历上圈出两周的时间范围	挺管用，但还需要建立分类文件夹来管理收件箱
2. 忘记预约安排	周三下午三四点	立即在日历上设置提醒	用两周的时间对"预约安排"进行反复练习；在日历上圈出两周的时间范围	挺管用，但还需要在早上上班前对预约事项进行一次回顾
3. 错过截止日期	周四下午三四点	将任务分解，设定几个重要的时间节点，并将其记录在日历上	在日历上将一个为期两周的任务分解，设定几个时间节点；将两周后的截止日期重点标记出来	在某些时间节点上难免会有些拖延，可以试着用FLOAT训练法来缓解面对错误时产生的不适感

在这个例子中，你可以从"晚回重要邮件"这个最容易面对的错误开始，循序渐进地解决问题。你安排了特定的时间解决它，制定了改进策略（根据重要性逐级标记电子邮件，并在24小时内回复重要邮件——哪怕是仅仅回复一个"收到"），以两周为期，坚持运用该策略训练自己，并记录下你的收

获（标记重要邮件是管用的，但还需要建立分类文件夹来管理收件箱）。一旦这一程度的错误得到了 75% 的改善，你就可以继续向前，处理下一个你想要解决的错误，以此类推，直至最困难的错误也被你妥善处理。

当轮到最难以面对的错误"错过截止日期"时，你必须克制住自己在固定型思维主导下的情绪和行为，比如羞愧不已，或是立即找借口为自己推脱。你为此下定决心，一定要解决这个问题，包括安排特定时间来弄清楚自己为何会错过截止日期，并问问自己，要如何做才能让情况得到改善？那么，你可以采取哪些具体步骤来得到改进？你可以将任务分解，并设定几个重要的时间节点，将其记录在日历上，坚持执行这个计划两周时间，然后回顾一下发生的各种情况。最后得到的收获是：在某些时间节点上难免会有些拖延，可以试着用 FLOAT 训练法来缓解面对错误时产生的不适感。

如果你犯了错误后会禁不住为自己找借口，那么你也可以使用成长层级工作表来解决这个问题。从最容易面对的错误开始，一步一个脚印，直到攻克最难面对的错误。通过这种循序渐进的做法，你将能更加自在地直面错误，从而提高你的技能。

使用成长型思维工作表，实践那些成长型思维主导下的行为

让我们来继续完成成长型思维工作表的第三部分，以帮助你把在固定型思维主导下的行为转变为在成长型思维主导下的行为。在这一部分中，你的任务是认识到什么是固定型思维主导的行为，逃避、拖延、吹嘘、找借口等都是它的表现形式。这样一来，你就可以制订一个具体可行的改变计划，帮助自己更接近所珍视的目标。

下面，我将以我在电脑上创建成长型思维工作表的经历作为例子，对这一部分进行说明。

成长型思维工作表示例

☆ **描述你的固定型思维陷阱：** 试着设计和呈现这个表

☆ **标出陷阱的类型：**

1. 面对有挑战性的任务
2. 努力了却事倍功半
3. 评估进度
4. 犯了错误
5. 受到他人的赞扬或批评
6. 听到别人的成功或失败

固定型思维主导下的想法	固定型思维的模式	成长型思维的模式	转变思维方式的问题	成长型思维主导下的想法
我就是个电脑白痴。我连弄个标题都不会，我也没法让表格完整地显示在一个页面中。 这哪有那么难啊，别人根本不用花那么多时间在这上面搞来搞去，但我就是弄不好。	对自己进行"全或无"的评价	正确分析当前的技能水平	我对改进方式有什么分析和想法？我该如何实现自己的价值？	我已经通过自学掌握了很多电脑操作技能。我可以通过技术指南来获得更多信息。
	消极看待自己的努力	积极看待自己的努力	实际上需要付出多少努力？	我以前从未尝试过在文档中插入这种类型的表格，所以这需要一些努力。
	认为表现只有满分或零分	按实际表现打分	从连续谱的角度看，我现在进展如何？最现实可行的改进方式是什么？	尽管花了一个多小时，但除了标题部分，我已经把大体结构弄好了。
	将错误灾难化	正确分析错误	我可以从我的错误中学到些什么？我能做哪些不同的事？	我很快就能处理好这最后的问题。
	将他人视为判官	将他人视为资源	他们是否为我提供了可操作性强的有用信息？	不错，我已经学会了如何调整表格的行高列宽。我将继续试着进行不同的操作。
	竞争性比较	建设性比较	我可以从别人那里学到些什么？他们的成功是否值得借鉴？	我的女儿和我认识的图书管理员都知道如何美化表格，我会去请教一下他们。

固定型思维主导下的情绪	固定型思维的模式	成长型思维的模式	转变思维方式的问题和方法	成长型思维主导下的情绪
轻/中/重			我要如何做才能容忍这种情况？我该如何让自己平静下来？	
沮丧、愤怒			腹式呼吸法、FLOAT 训练法	感激、悦纳

固定型思维主导下的行为	固定型思维的模式	成长型思维的模式	转变思维方式的问题	成长型思维主导下的行为
扔下工作，跑去喝咖啡、吃冰激凌。在购物网站上看看烤盘。	选择过易或过难的目标	选择积极挑战	我要如何设计一个具有可操作性的、循序渐进的成长型思维主导下的计划？什么时候开始执行这个计划？	尽管非常受挫，但我第二天还是继续解决这个问题，从上午8点研究到上午9点。
	减少或不再努力	更加努力	（如果不考虑付出）我要坚持这个计划多久？	
	对进步进行辩解或夸大	对进步进行准确评估	我的优点和弱点是什么？我要如何弥补自己的弱点？	我的做法包括阅读计算机上的"帮助"部分；安排与图书管理员和女儿的会面时间，请他们对我进行指导，并与他们分享我的进步和错误。
	隐藏错误	分析错误	我要采取哪些措施来改正这个错误？	
	寻找赞同并逃避批评	从批评中寻找建设性信息	谁能给我有效信息？我要什么时候用上这些信息资源？	
	诋毁或躲开其他成功的同辈群体	分析别人的成功经验	其他人都用了哪些方法获得成功？我能否效仿他们？	

在我的示例中，我识别出了自己在固定型思维主导下的行为：逃避和拖延。具体来说，在"固定型思维主导下的行为"这一列中，我写下了"扔下工作，跑去喝咖啡、吃冰激凌。在购物网站上看看烤盘"，并且圈出了这些固定型思维陷阱的模式：选择过易或过难的目标，减少或不再努力。

然后，我问自己，如果此时的我拥有成长型思维，那么我的行为又该是什么样的？我该如何执行一个具体的成长计划？在对转变思维方式的问题进行思考后，我又问自己，该如何设计一个可操作的、循序渐进的成长型思维主导下的计划？我该从什么时候开始执行这个计划？我会坚持多久？我要如何分析错误并评估进展？我会用什么人或什么事物，来作为自己分析错误和评估进展的资源？我该什么时候用这些资源？

通过回应这些提问，我将我的成长行动计划写在了"成长型思维主导下的行为"一列中。请记住，设定一个特定的开始时间，是你在实施成长行动计划的过程中非常关键的一步。在示例中，我将其设置在第二天早餐后的时间：上午8点到上午9点。在这段时间内，我将会全身心地投入到设计这个表格中，哪怕一直受挫。我还特别安排了与图书管理员和女儿的会面时间。

现在轮到你了。

成长型思维工作表

☆ **描述你的固定型思维陷阱：**
☆ **标出陷阱的类型：**　　　　　　　　　　　

　　1. 面对有挑战性的任务
　　2. 努力了却事倍功半
　　3. 评估进度
　　4. 犯了错误
　　5. 受到他人的赞扬或批评
　　6. 听到别人的成功或失败

填写表格：在第一个表格的第一列中写下你的固定型思维主导下的想法，并在第二列中圈出这些固定型思维陷阱的模式。然后通过回答转变思维方式的问题，将固定型思维转变为成长型思维。在第五列中，写下你在成长型思维主导下产生的想法。

在第二个表格中写下你在固定型思维主导下产生的情绪，并标出它们的强度：轻、中、重。然后回答转变思维方式的问题，并写下你在成长型思维主导下产生的情绪。

在第三个表格中写下你在固定型思维主导下产生的行为，并标出它的行为模式。然后回答转变思维方式的问题，并在"成长型思维主导下的行为"一列中写下你的成长行动计划。

固定型思维主导下的想法	固定型思维的模式	成长型思维的模式	转变思维方式的问题	成长型思维主导下的想法
	对自己进行"全或无"的评价	正确分析当前的技能水平	我对改进方式有什么分析和想法？我该如何实现自己的价值？	
	消极看待自己的努力	积极看待自己的努力	实际上需要付出多少努力？	
	认为表现只有满分或零分	按实际表现打分	从连续谱的角度看，我现在进展如何？最现实可行的改进方式是什么？	
	将错误灾难化	正确分析错误	我可以从我的错误中学到些什么？我能做哪些不同的事？	
	将他人视为判官	将他人视为资源	他们是否为我提供了可操作性强的有用信息？	
	竞争性比较	建设性比较	我可以从别人那里学到些什么？他们的成功是否值得借鉴？	

固定型思维主导下的情绪	固定型思维的模式	成长型思维的模式	转变思维方式的问题	成长型思维主导下的情绪
轻/中/重			我要如何做才能容忍这种情况？我该如何让自己平静下来？	

固定型思维主导下的行为	固定型思维的模式	成长型思维的模式	转变思维方式的问题	成长型思维主导下的行为
.	选择过易或过难的目标	选择积极挑战	我要如何设计一个具有可操作性的、循序渐进的成长型思维主导下的计划？什么时候开始执行这个计划？	
	减少或不再努力	更加努力	（如果不考虑付出）我要坚持这个计划多久？	
	对进步进行辩解或夸大	对进步进行准确评估	我的优点和弱点是什么？我要如何弥补自己的弱点？	
	隐藏错误	分析错误	我要采取哪些措施来改正这个错误？	
	寻找赞同并逃避批评	从批评中寻找建设性信息	谁能给我有效信息？我要什么时候用上这些信息资源？	
	诋毁或躲开其他成功的同辈群体	分析别人的成功经验	其他人都用了哪些方法获得成功？我能否效仿他们？	

当发现自己陷入固定型思维时，你可以随时使用这些表，及时处理好由固定型思维引发的想法、情绪和行为。成长型思维工作表可以帮助你加强成长行动计划。

成长行动计划只有通过实践才能实现。如果你发现自己没有按照原定计划执行，就问问自己："是否有固定型思维主导下的想法妨碍了我的计划？"如果是这样，那么就请你用成长型思维主导下的想法来驳倒它们（参见第3章）。除此之外，你还要问问自己："计划的第一步是否切实可行？我能否想象自己踏出第一步的样子？"如果不行的话，那就说明你的这个计划还不够具体，也许你还需要将其进一步分解为更加细化的任务。你是否设置了一段时间来执行计划？比如以一周时间作为一个完整的周期，然后设定一个开启任务的特定时间。你还可以试着将执行计划的过程可视化。在这个过程中，想象自己正在体验一些在固定型思维的主导下产生的情绪，而这些情绪的产生是意料之中的事。想象自己尽管出现了这些情绪，但依然努力做出成长型思维主导下的行为，坚持完成任务（参见第4章）。最后，请你再想象一下，当计划完成时，你所获得的满满的掌控感和愉悦感吧。

如果你在制订行动计划方面遇到困难，那么你可以假装自己是在指导朋友，教他如何制订通向重要目标的具体计划。想象一下，如果你的朋友需要一个非常明确的计划，那么你会如何帮助他制订成长行动计划（包括做什么、何时做以及在哪里做）？

总结

生活中的一些突发情况难免令人沮丧，还可能会让你一不留神就陷入固定型思维之中，它可能会控制和引导你的行动，让你不知不觉地偏离成长的方向。为了抵御固定型思维，你需要识别出各类警示信号，并重新回到由成长型思维指引的正轨上来。以下是表明固定型思维存在的警示信号：

· 当面对一项有价值、有挑战的任务时，你会不由自主地拖延，或是极端地选择过易或过难的目标。

· 当一项任务让你感到有些棘手时，你就会放弃。

· 在评估自己的进步时，你会对它进行夸大。

· 当犯下错误时，你会对自己和他人隐瞒错误。

· 当面对可以给你反馈的权威专家时，你会寻求他们的赞同并逃避他们的批评。

- 在听到同辈群体的成功表现时，你会诋毁他们或躲开他们。

通过上述反应，你就可以识别出固定型思维，并为自己创建一份包含 6 个操作步骤的成长行动计划。尽管你可能会担忧，甚至会想要逃避，但充分执行这个计划对于你的成长来说是非常重要的。请使用成长行动计划，帮助自己全身心投入到以下成长行动中去：

- 选择一个难度适中的任务。
- 当任务略显棘手时，全身心地投入其中。
- 对自己的表现进行实际评估。
- 对错误进行分析，以促进你的成长。
- 与那些能为你提供建设性反馈意见的权威专家聊聊。
- 与同辈群体进行建设性比较，并学习他们的优点。

请从一个你有所期待，但又不是高度重视的任务开始练习。制订一个成长行动计划以提高你的技能，然后更加自信、更加自在地去探索和开拓你更加珍视的人生领域吧。

在对你来说极其重要的人生领域中执行成长行动计划时，你可能会发现，在这 6 个步骤里，有一些步骤比其他步骤更难。如果在面对某个成长行动步骤时你想要逃避，那么你就可以使用成长层级工作表来解决这个问题。

请你使用成长型思维工作表，把自己的固定型思维转化为成长型思维，从而增强你的成长行动计划的效果。

第 6 章
让你重回正轨的成长型思维工作表

CHAPTER 6

虽然成长型思维能帮助你走向成功，但你却很难在沮丧的心境中维持这种思维。固定型思维会让你不知不觉地陷入无助的情绪，并缩小和限制你的选择。在前面的章节中，你学习到了如何识别警示标志，并使用专门的认知行为疗法工具将自己从陷阱中救出来。在这些工具的帮助下，你可以用成长型思维取代固定型思维，为自己搭建起一个向上攀登的脚手架，让生活重新回到正轨：你可以通过鼓励性的话语指导自己，在情绪将你拉到谷底时往上爬，或是在临阵退缩时把自己往前推一把。

当然，搭建这个脚手架是一份很有挑战性的工作，你需要一张蓝图来指导你如何组装搭建，而成长型思维就是你的蓝图：它能将你所有的努力聚拢，使其指向你的成长目标。

熟练使用成长型思维工作表

在本章中，你将学会如何去熟练地使用这张成长型思维工作表。你将学会使用成长型思维工作表帮助他人应对各种陷阱的威胁，让他们从过往的经验中吸取教训，更好地应对未来的各种挑战。

帮助他人建立成长型思维

有时，要想学好某种知识，最好的办法就是把别人教会。当你拥有固定型思维时，情况更是如此。为什么会这么说呢？你有没有在朋友或家人感到失望时（比如失恋或是拿了班上倒数的成绩时）安慰过他们。尽管你会表示同情，但你并不会真的完全对他们的绝望感同身受。你有没有注意到，当你面对别人的困境时，你有更多的力量去驳斥他们那些消极的自我认知语句，比如"我是个废物"或"我很失败"？你是否发现，你能比他们自己更清楚地看到他们前进的方向？也就是说，当没有固定型思维干扰时，你拥有帮助他人获得平静和寻找方向的力量。归根结底，如果你能把别人教好，那么你就能把自己从固定型思维中解放出来，从而重新回到正轨上。

我再举一个例子。请你想象一下这个经常会出现在电影中的桥段：飞机正航行在万里高空之上，飞行员突然丧失了行动能力，他不得不让一名毫无经验的乘客代为接管飞行任务。此时，塔台将无线电耳机交给飞行教练，飞行教练紧急隔空指导，他必须指导这位战战兢兢的乘客，使飞机能平安降落。现在，请你把自己代入到这位吓得不轻的乘客身上，你能想象到这位乘客此时会有什么样的固定型思维吗？除了五味杂陈的强烈情绪，他还可能会想些什么？也许是"我不能接手啊！"，或是"我根本就做不到！"。而此时，塔台里的飞行教练必须保持高度镇定和理智，同时，他并不会像那位乘客一样极度充满恐惧。

飞行教练的计划是什么？不管在什么情况下，驾驶飞机都不是一件容易的事情，当危难来临时，驾驶飞机的压力就更大了。为了帮助惊慌失措的乘客克服固定型思维的三个威胁，飞行教练必须对乘客的那种"我做不到"的心理感同身受，他首先会安抚乘客的恐慌情绪，然后通过分小步走的策略来指导乘客专注于当下的任务——这本质上就是在帮助乘客建立起成长型思维，让他相信自己能完成让飞机安全降落的任务。在飞行教练的指导下，这位原本充满恐惧和绝望的乘客开始拥有成长型思维，他让飞机完成了一次并不完美的着陆，成功挽救了整个局面。

当你试图在生活中用成长型思维取代固定型思维，并保持成长型思维时，你通常不会遇到像上面的例子中那样极端的情况。然而，我们也要警惕，当生死攸关的那一刻真的来临时，我们不能由于固定型思维的威胁而放弃自救的机会。成长型思维对你做出正确决策具有至关重要的作用，因此，我们应当在风险较低的日常事件中对其多加练习、提前适应。

让我们从指导其他正在苦苦挣扎的人开始吧。首先是帮助大二学生乔斯琳规划她的成长训练工作表。请你把她想象成你的一位朋友或家人，她希望和你分享自己在校园中的各种经历。她勤奋努力，总是认真听每一堂课，几乎把所有的时间都用在做功课上。但她也很孤独，在大学里没有交到亲近的朋友，这让她很想念高中时的伙伴。于是，她试图加入女生联谊会来扩展社交圈子，并为此忍受了一次又一次令人紧张的面试。然而，几周后乔斯琳却给你打了个电话，说她被自己首选的联谊会拒绝了，只得到了她非首选的联谊会的入会邀请。

情况还不止这些，乔斯琳听说她的室友艾丽进入了自己最想进的那个联谊会。这让她感到受伤、嫉妒和愤怒。她说："她们怎么有胆拒绝我？这群有公主病的小妞，她们觉得自己很特别是吧？她们怎么能要了艾丽却不要我？我有什么不好吗？我姐姐怎么就能在大学里混得风生水起？说到底，努力学习才是最重要的，我比她们所有人都聪明得多。谁需要她们呢？"她在电话里一直抱怨。她说，她决定再也不加入任何女生联谊会了。

现在，也许你能对乔斯琳的经历感同身受，理解她为何如此沮丧——又或者，其实你并不理解。也许你从未有过这样的经历，也从未对加入任何女生联谊会感兴趣。但无论如何，你不太可能像她那样感到沮丧，也不太可能为她的自我限制性想法和报复性抱怨所困扰。而这正是我们在此讨论的重点。你能帮助到乔斯琳，是因为旁观者清。你能比她更容易发现她在这段经历中存在的固定型思维，然后你可以通过帮助她搭建成长型思维的脚手架来解决这些问题。

让我们从一些更为宏观的视角来切入这些问题吧。乔斯琳到底想要什么？当她选择加入女生联谊会时，她在寻找什么？她看重的是什么？是友谊吗？她的成长目标又是什么？听起来她想交更多的朋友，对吧？那么，她实现这一目标的障碍又是什么？她首选的女生联谊会拒绝了她。你是否也曾有过这样的经历，你想努力融入某个圈子，但是这个圈子并不欢迎你？如果是的话，那么你的感受和反应如何？在这一问题上，你可能会陷入什么样的固定型思维？这是否会让你陷入诸如"我受欢迎吗"之类的自我怀疑？

请拿出前文中我们谈到的成长训练工作表，写下乔斯琳的想法、情绪和行为。标出乔斯琳的固定型思维的模式，以及她在固定型思维主导下产生的情绪的强度。你能看到固定型思维是如何阻碍她的社交生活的吗？现在，请思考一下，你可以如何帮助乔斯琳搭建一个成长型思维的脚手架。这个脚手架由3个关键部分——成长型思维主导的想法、情绪和行为组成。请分别从这3个部分出发，为乔斯琳填充每个部分的内容。再次提醒，搭建这个脚手架只有从宏观的视角出发，才能让她从自己是否值得的评价体系中解脱出来，从而打破固定型思维的惯有模式，转向成长型思维。

现在，请看"转变思维方式的问题"部分。这些问题是帮助你形成成长型思维的提示。其中的某些问题可能会比其他问题更加适合你的情况，但把所有问题都通读一遍对你很有好处。请你按照问题的提示，站在乔斯琳的立场，帮助她解决固定型思维的问题，例如：你会如何向姐姐取经？你要如何平息自己的情绪？你可以尝试哪些交友技巧？你会采取哪些行动步骤？使用转变思维方式的问题，并列出可行的成长型思维主导下的行为，比如，在大学校园里，她有其他结识新朋友的办法吗？

以下是乔斯琳完整的成长型思维工作表，请把它和你刚才所列出的进行比较。经过对比，你会在工作表中更改或添加什么内容呢？在乔斯琳的固定型思维中，哪些更容易扭转？你会如何制订促进她成长的行动计划？改变的切入点因人而异，有的人可能觉得从建立成长型思维入手更加容易，而另一些人也许更喜欢单刀直入地实践成长型思维指导下的行为。

乔斯琳的成长型思维工作表

☆ **描述你的固定型思维陷阱：** 被首选的女生联谊会拒绝

☆ **标出陷阱的类型：**

1. 面对有挑战性的任务
2. 努力了却事倍功半
3. 评估进度
4. 犯了错误
5. 受到他人的赞扬或批评
6. 听到别人的成功或失败

固定型思维主导下的想法	固定型思维的模式	成长型思维的模式	转变思维方式的问题	成长型思维主导下的想法
她们怎么有胆拒绝我？	对自己进行"全或无"的评价	正确分析当前的技能水平	我对改进方式有什么分析和想法？我该如何实现自己的价值？	这很令人失望，但并不意味着她们或我有什么问题。我希望获得友谊。这意味着我能更融洽地与她们相处。我该如何开始去做？
这群有公主病的小妞，她们觉得自己很特别是吧？	消极看待自己的努力	积极看待自己的努力	实际上需要付出多少努力？	
她们怎么能要了艾丽却不要我？	认为表现只有满分或零分	按实际表现打分	从连续谱的角度看，我现在进展如何？最现实可行的改进方式是什么？	另一个女生联谊会当然也是不错的选择。我也确实很喜欢那里的一些成员。
我不好吗？	将错误灾难化	正确分析错误	我可以从我的错误中学到些什么？我能做哪些不同的事？	我一直都很喜欢唱歌，要不考虑加入合唱团？此外，还有一些在公共休息室举办的学习小组，我也可以申请加入他们。
我姐姐怎么就能在大学里混得风生水起？	将他人视为判官	将他人视为资源	他们是否为我提供了可操作性强的有用信息？	并不是所有报名了的人都能加入女生联谊会。我也确实收到了非首选的联谊会抛来的橄榄枝。我能从中学到些什么呢？愤怒不会让我的社交生活变得更好，批评这个女生联谊会也不会让我变得更有吸引力。对我无法改变的事情一直耿耿于怀是无济于事的。我应该做些什么才有机会交到更多新朋友呢？当然，仅仅关注我的学习成绩是不能实现这个目的的。
说到底，努力学习才是最重要的，我比她们所有人都聪明得多。	竞争性比较	建设性比较	我可以从别人那里学到些什么？他们的成功是否值得借鉴？	
谁需要她们呢？				在如此大的校园里，与新人建立起友谊本就不是易事，尤其我还那么醉心学习。我之前认为加入女生联谊会是一种马上就能建立起友谊的简单方式，但即使是在女生联谊会中，我也需要花费一些时间和精力，才能找到我想与之深交的人。
				我姐姐在大学里是如何交到新朋友的？也许我可以和她谈谈，学习一下她的经验。

固定型思维主导下的情绪	固定型思维的模式	成长型思维的模式	转变思维方式的问题和方法	成长型思维主导下的情绪
轻 / 中 / **重**			我要如何做才能容忍这种情况？我该如何让自己平静下来？	
受伤、嫉妒、愤怒			腹式呼吸法、专注当下法、FLOAT训练法	在某种程度上获得了希望，并变得坚定。

固定型思维主导下的行为	固定型思维的模式	成长型思维的模式	转变思维方式的问题	成长型思维主导下的行为
批评艾丽和那个女生联谊会。 拒绝加入自己第二喜欢的女生联谊会。 以学习为由拒绝社交。	选择过易或过难的目标	选择积极挑战	我要如何设计一个具有可操作性的、循序渐进的成长型思维主导下的计划？什么时候开始执行这个计划？	给自己非首选的女生联谊会一个机会，和其中一些成员出去喝杯咖啡，比如给简发个短信约她。 看看周三的合唱团吧。
	减少或不再努力	更加努力	（如果不考虑付出）我要坚持这个计划多久？	查看在公共休息室中举办的学习小组列表。
	对进步进行辩解或夸大	对进步进行准确评估	我的优点和弱点是什么？我要如何弥补自己的弱点？	这个周末给姐姐打个电话，了解她是如何在大学里交朋友的。
	隐藏错误	分析错误	我要采取哪些措施来改正这个错误？	
	寻找赞同并逃避批评	从批评中寻找建设性信息	谁能给我有效信息？我要什么时候用上这些信息资源？	
	诋毁或躲开其他成功的同辈群体	分析别人的成功经验	其他人都用了哪些方法获得成功？我能否效仿他们？	

在另一个例子中，让我们看看可以如何为胡里奥做个规划，帮助他从固定型思维转变为成长型思维。6个月前，当了9年会计的胡里奥突然失业。他

很喜欢这份工作，也觉得自己为团队和公司做了不少贡献。然而，由于经济普遍下行，公司被迫通过裁员减轻压力，最终解雇了胡里奥和他的同事法布。失业对胡里奥来说无异于晴天霹雳。他的妻子是一名收入不高的特殊教育教师，即使加上胡里奥的失业救济金，两人的收入也很难付清账单、抵押贷款和抚养两个孩子的所有费用。胡里奥不停地参加当地社区举办的求职讲座，他还向他认识的每个人努力推销自己，只求一个可能的工作机会。自从被解雇后，他就再也没有联系过法布，但在一起共事的那几年里，他俩称得上是相当好的朋友。

假如在一天晚上，胡里奥突然打电话给你。在电话那头，他听起来沮丧极了，他告诉你，他错过了一个网上招聘的截止日期。他说，他对自己感到恼火极了，居然因为沉迷网游而错过了招聘时间。他说："我真是个白痴，把事情办得乱七八糟的。我不敢相信，我居然错过了这个招聘。我连这点小事都办不好，看来我永远都找不到工作了。我听我妻子说，法布拿到了很多面试机会，找不到工作这种事就永远不可能发生在他身上。"

让我们从一些问题切入，来厘清胡里奥的遭遇。胡里奥的成长目标是什么？是什么障碍让他偏离了正轨？他的错误是否使他陷入了固定型思维？你能否为他找到证据来给他一点信心，让他意识到在这一错误发生之前，他在求职问题上还是很努力、很用心的？若想成功找到工作，胡里奥还需要具体做些什么？他还需要提升哪些方面的技能？

你有没有过这样的经历，为了实现某个非常重要的目标，你已经努力奋斗了许久，却突然犯了错误，让之前的努力功亏一篑？如果有的话，那么你的感受和反应是什么样的？这个错误可能会让你陷入什么样的固定型思维之中？能否用成长型思维主导下的想法取代固定型思维主导下的想法来解决这个问题，比如用"我要如何振作起来，提升自己，然后整装再出发"来替换"我就是个无能的废物"？

请你用成长型思维工作表来帮助胡里奥分析他的固定型思维。在表格中写下胡里奥的想法、情绪和行为，标出他的固定型思维的模式，并且标出他在固定型思维主导下产生的情绪的强度。胡里奥的固定型思维是如何在他的求职之路上形成阻碍的？你要如何帮助胡里奥搭建一个成长型思维的脚手架来帮他脱离困境？请你后退一步以观全局，帮助他将关注点从纠结自己的不足转向思考如何才能获得成长上吧。你可以用"转变思维方式的问题"作为提示，站在胡里奥的立场，帮助他解决自己的固定型思维，例如：我需要运用成长型思维来解决什么具体问题？我特别想获得改进的部分是什么？我要如何平息自己的情绪？我可以尝试哪些方法以获得自我提升？可行的具体步骤是什么？请根据"转变思维方式的问题"，列出可行的成长型思维主导下的行为。

以下是胡里奥的成长型思维工作表，请把它和你刚才所列出的进行比较。经过对比，你会在工作表中更改或添加什么内容呢？在胡里奥的固定型思维中，哪些更容易扭转？你会如何制订促进其成长的行动计划？对胡里奥来说，有哪些行动比我们之前想象中的更加艰难——比如联系法布？

胡里奥的成长型思维工作表

☆ **描述你的固定型思维陷阱：** 错过一次求职机会

☆ **标出陷阱的类型：**

1. 面对有挑战性的任务
2. 努力了却事倍功半
3. 评估进度
4. 犯了错误
5. 受到他人的赞扬或批评
6. 听到别人的成功或失败

固定型思维主导下的想法	固定型思维的模式	成长型思维的模式	转变思维方式的问题	成长型思维主导下的想法
我真是个白痴，把事情办得乱七八糟的。	对自己进行"全或无"的评价	正确分析当前的技能水平	我对改进方式有什么分析和想法？我该如何实现自己的价值？	我想再找一份与会计相关的工作。我很享受以前的工作，也很欣赏自己做过的贡献。
我不敢相信，我居然错过了这个招聘。	消极看待自己的努力	积极看待自己的努力	实际上需要付出多少努力？	找工作是一项艰巨的任务。我已经好几年没有找过工作了，很多情况都变了。现在经济形势不容乐观，我也要努力改善我的财富状况，包括抵押贷款等。
我连这点小事都办不好，看来我永远都找不到工作了。	认为表现只有满分或零分	按实际表现打分	从连续谱的角度看，我现在进展如何？最现实可行的改进方式是什么？	在这种情况下，事情的发展并不总是能像我所希望的那样一帆风顺。
法布拿到了很多面试机会，找不到工作这种事就永远不可能发生在他身上。	将错误灾难化	正确分析错误	我可以从我的错误中学到些什么？我能做哪些不同的事？	我错过了网上招聘的截止日期。我希望自己以后能更加有条理些。
	将他人视为判官	将他人视为资源	他们是否为我提供了可操作性强的有用信息？	我在几个月前就看到了这则招聘信息。在当时看来，截止日期似乎还很遥远，所以我就没有及时把它放在日程表上。另外，我也对这份工作持观望态度，因为我对它不太满意。但在将来，一旦我看到一个感兴趣但可能不够满意的招聘帖子，我就会立即将截止日期记在日程表上并设置提醒。我可以随时决定放弃申请，也可以试着申请看看。
	竞争性比较	建设性比较	我可以从别人那里学到些什么？他们的成功是否值得借鉴？	有一个求职者小组经常在社区举办聚会。也许我可以参加，看看他们有什么建议可以帮助我变得更有条理。 法布是我的好朋友。也许我可以向他取取经，学习他保持条理的方法。

固定型思维主导下的情绪	固定型思维的模式	成长型思维的模式	转变思维方式的问题和方法	成长型思维主导下的情绪
轻/中/重			我要如何做才能容忍这种情况？我该如何让自己平静下来？	
对自己感到恼火			腹式呼吸法、专注当下法、FLOAT 训练法	在某种程度上获得了希望，并变得坚定。

固定型思维主导下的行为	固定型思维的模式	成长型思维的模式	转变思维方式的问题	成长型思维主导下的行为
沉迷网游	选择过易或过难的目标	选择积极挑战	我要如何设计一个具有可操作性的、循序渐进的成长型思维主导下的计划？什么时候开始执行这个计划？	明天给社区相关工作人员打电话。今晚打电话给法布。在本周的白天，查阅各类网上招聘的帖子，并练习在日程表中设置提醒。
	减少或不再努力	更加努力	（如果不考虑付出）我要坚持这个计划多久？	
	对进步进行辩解或夸大	对进步进行准确评估	我的优点和弱点是什么？我要如何弥补自己的弱点？	
	隐藏错误	分析错误	我要采取哪些措施来改正这个错误？	
	寻找赞同并逃避批评	从批评中寻找建设性信息	谁能给我有效信息？我要什么时候用上这些信息资源？	
	诋毁或躲开其他成功的同辈群体	分析别人的成功经验	其他人都用了哪些方法获得成功？我能否效仿他们？	

有时，让自己的思维发生转变是很难的事。然而，你可以跳出当局者迷的限制，通过设想自己是在指导他人进步，来帮助自己建立成长型思维。试着想象一个你认识的人，他可能想要更进一步，但却不知为何总在成长的道路上徘徊不前。你能否从他身上看到固定型思维的迹象？你会对他说些什么来强化他的成长型思维？你该如何接纳并帮助他克服固定型思维主导下产生的情绪？你又该鼓励他更多地做出哪些由成长型思维主导产生的行为，从而形成良性循环？

帮助早年的你建立成长型思维

固定型思维和成长型思维在你过往的人生中产生了什么影响？时间可以教会你如何回过头去审视这些思维方式，并让对你有好处的成长型思维沉淀至今。现在，让我们来为自己创建一个人生时间表，以5年为一个阶段，比如从0岁到5岁，从6岁到10岁，从11岁到15岁等。让我们先试着回忆在更早之前发生的故事，至少比现在早10年，从而拉开审视的距离，并从更多的视角看问题。

对早年的你的思维方式的反思

现在，请以5年为一个阶段，反思你早年的生活经历。你是否能记起某些你本可以做得更好的重要事件？这些重要事件是什么？举例来说，在0岁到5岁期间，你开始学着自己系鞋带；在6岁到10岁期间，你开始学着骑自行车……这些重要事件是让自己更加擅长一项运动或乐器？是更多地陪伴家人和朋友，还是想要和某个特别的人发展亲密关系？

当时的你在遇到挫折时是否依然能拥有成长型思维？例如，你有没有过类似因为转向太急而从自行车上摔下来，但又立马回到车上继续骑行的经历？

请写下任何关于你在面对挫折时锲而不舍的经历。

你是否有过一开始拥有成长型思维，在遭遇挫折后却陷入固定型思维的经历？例如，当你在中学时期无缘进入管弦乐队时，你有没有放弃继续演奏这种乐器？当你的初恋与你分手时，你有没有封心锁爱整整两年？请写下任何你由于遭遇挫折而一蹶不振，进而耽误成长的经历。

遇到障碍时，大多数人会想到各种各样的过往经历。请从你的过往经历中挑出这样两种：一种是你在面对挫折时因锲而不舍而获得成长的经历，另一种是你在面对挫折时因一蹶不振而耽误成长的经历。

对我来说，面对挫折时锲而不舍的早期经历发生在我10岁那年。在那个夏天，我去祖母的农场玩了两个星期，那里有一个牧马场，我可以骑我表兄弟的小马玩。作为一个在城里长大的孩子，我没有任何骑马的经验，但我坚定地认为自己没有任何问题。表兄弟们便给小马套上了马鞍。我选了一匹黑白花的小马，它的名字叫作"暗黑破坏神"。现在想来，这个名字透露出了很多信息。

这匹小马可没少让我吃苦头，我骑着它一头扎进了铁丝网，弄得身上到处都是划痕和淤青。但我坚持了下来，每天都骑着它到处走。当假期结束时，我的骑马技术突飞猛进。直到今天，我已经50多岁了，我还在继续精进我的骑马技能。

我在挫折中一蹶不振从而耽误成长的经历发生在我20多岁的时候。当时我正在读博士，但是却没有通过资格考试（只能大改论文延期通过）。这简直是朝我的心上开了一枪。我感到非常沮丧，忍不住拿自己和通过考试的同学比了又比，并开始质疑自己是否具备获得博士学位的条件。我禁不住避开学院里的每个人，因为我觉得尴尬极了，甚至考虑到了退学。我花了几个星期才平复了心情。最终，我得以继续前进：我对自己的考试情况进行了分析，咨询了同学和教授，更加努力地学习，然后再次参加考试，并顺利通过了。最终，我获得了学位，然后在这本书中写下了这两段经历带给我的反思。

花点时间在日记本或电脑上写下你的这两种经历。在每段经历中，当你正在向着目标积极地努力，却迎头撞上挫折的那一刻，你正在做些什么？你在什么地方？你是独自一人还是和其他人在一起？你周围发生了什么？你对自己说了什么？你的感觉如何？你的反应如何？现在，再比较一下这两种情况，你的反应有何不同？

如果你曾有过在挫折中一蹶不振从而耽误成长的经历，那么请使用成长型思维工作表来记录和固定型思维相关的情况，以便在日后进行反思。此外，捕捉你在当时可能出现过的成长型思维，来帮助自己回到正轨。现在，请你看看你的思维方式工作表。当现在的你对早年的你就建立成长型思维进行鼓励和指导时，你还希望在表格上添加或改变什么内容呢？对于挑战自我限制性想法、安抚情绪或采取可行的行动计划，你还有什么其他的建议呢？

请记住，有时我们很难改变在过去出现的固定型思维。如果你陷入了自己在过去出现过的某种固定型思维之中，请与能为你提供帮助的人，比如家人、朋友甚至专业人士分享。找一个像在塔台上的教练一样专业而沉稳的人为你提供远程指导，他没有处在你生活和经验的迷局之中，所以能站在客观的角度，为你提供回到正轨的导航指引。

为未来的你建立成长型思维

当年龄日渐增长时，我们的成长型思维可能会面临哪些威胁？从现在开始未雨绸缪，为未来的自己进行思考，就能更好地为突发状况做好准备。这个过程就像飞行员在飞行模拟器中训练，以便为潜在的空难做准备。虽然模拟器中的灾难环境高度还原了现实情况，比如在发动机失灵后呈现的混乱场景，但无论还原度多高，模拟环境都远远不及实际经历恐怖。因此，尽管这种培训方式能让飞行员掌握相应的操作技能，但也可能让拥有固定型思维的人禁不住想："若是在真真切切的危急关头，我还能否像现在这样从容应对？"

还记得萨利机长的故事吗？作为一名飞行员，他在两个发动机失灵的极端情况下，依然成功地将一架飞机紧急迫降在哈德逊河上，挽救了机上所有乘客（155人）的性命。他是如何做到这一点的？当然，他从来没有练习过如何在哈德逊河上降落民用飞机。难道是因为有些人天生是英雄，而有些人天生是狗熊吗？他们的坚强和软弱是与生俱来、不可更改的吗？在鸟群摧毁发动机的那一刻，萨利机长脑海里冒出了什么样的想法？是对自己的能力进行笼统的评价，比如认为自己是个伟大的飞行员，还是忙着分析怎么才能让飞机完美地降落，努力在充满危机的局面中不断提高自己的技能？你永远无法预测，生活会给你带来什么样的惊喜或是惊吓，但你可以做好准备，努力挑战那些阻碍你成长的事物。那么，你该如何进行准备？

为了能充分应对未来成长道路上的威胁，就像飞行员使用飞行模拟器一样，你也需要准备一个成长威胁模拟器。你可以充分运用你的想象力和你的成长型思维工作表来构建你的成长威胁模拟器。请你想象自己正在朝着一个重大的成长目标迈出第一步，也许是开始一份新的职业或一段新的关系。接下来，当你在成长型思维的主导下沿着这条道路前进时，你突然遇到了最可怕的成长威胁。紧接着，你观察到自己身上发生的变化，并在成长型思维工作表中生动地记录下你面对挑战时的想法、情绪和行为。

设想最坏的情况

让我们再次回到亚历山德拉的故事。她希望进入一段长期稳定的亲密关系，于是朝着这个目标迈出了一系列带有冒险性的成长步伐：她在交友网站上发布个人资料，让朋友和家人知道自己希望找个对象，甚至邀请她在环保组织会议上遇到的参会者在会后与自己喝杯咖啡。当她像这样不断朝着成长目标努力时，她所能想象到的最糟糕的情况是什么？亚历山德拉回忆道："也许是遇到一个令我崇拜的人，然后，在经过了几年的相处后，他和我分手了。"虽然亚历山德拉从未谈过超过两个月的恋爱，但这是她所能想到的最坏情况，也是她需要在成长型思维工作表上解决的问题。

现在，亚历山德拉运用更丰富的想象力，将这段关系在脑海中制作成了一部情节完整、画面真实的电影。在这部电影中，她既是导演，又是女主角。女主角非常崇拜这个男人，并在心中暗自对他托付终身。他就是她梦寐以求的样子，甚至更加完美。但在随后的某天晚上，当他们正在最喜欢的餐厅吃晚饭时，她以为他们要讨论同居的话题，他却突然变得非常严肃，并告诉她："我们分手吧。也许我们还可以继续做朋友？"

这部电影的重点是，其中所有的场景和内容都是虚构的，因此，我们能很容易地往里填充任意情节：亚历山德拉从未谈过长时间的恋爱，她没有遇到过自己的梦中情人，也没有和对方一起经历过任何如梦似幻的时光。这只是一个让你锻炼自己心理韧性的练习。为了能让这个练习富有成效，你所想象的场景就必须特别生动逼真，让人有身临其境之感，并真真切切地触发一个人震惊、沮丧和恐惧的感觉。因此，为了设想未来关系的最坏情况，亚历山德拉为自己创造了一个非常引人入胜的场景，随之进入其中，沉浸其中，然后问自己"我会怎么想？我会有什么感觉？我该怎么办？"，并将这些问题的合理答案写进她的成长型思维工作表中。此外，亚历山德拉还会问自己："我到底可不可爱？"通过类似这样的问题，她可以反思："我会不会突然陷入固定型思维之中，如果不慎陷入，会有什么迹象作为警示标志？"通过用成长型思维工作表进行记录和分析，亚历山德拉就能十分清楚自己身上出现的问题。

作为自己脑内小剧场的导演，亚历山德拉可以思考："我该如何运用成长型思维来帮助女主角从这场戏中恢复过来？我该如何帮助她度过这次分手造成的低谷期？我该对她说些什么？我该如何帮助她忍受痛苦、损失和羞辱？

我该建议她采取哪些成长行动，让她从被拒绝的痛苦中恢复过来，继续珍爱自己？"以下是亚历山德拉的成长型思维工作表，其中包含了她在固定型思维主导下产生的反应。你能完成这张表格，帮助她写下成长型思维主导下的反应吗？请你根据表格中转变思维方式的问题，填写可供亚历山德拉参考的成长型思维主导下的想法、情绪、行为。

亚历山德拉的成长型思维工作表

☆ **描述你的固定型思维陷阱：** 和完美男神结束了长达数年的恋情

☆ **标出陷阱的类型：**

1. 面对有挑战性的任务
2. 努力了却事倍功半
3. 评估进度
4. 犯了错误
5. 受到他人的赞扬或批评
6. 听到别人的成功或失败

固定型思维主导下的想法	固定型思维的模式	成长型思维的模式	转变思维方式的问题	成长型思维主导下的想法
我简直不敢相信。他可真是个混蛋。	对自己进行"全或无"的评价	正确分析当前的技能水平	我对改进方式有什么分析和想法？我该如何实现自己的价值？	
他认为我配不上他。他找到了一个更好的人——一个比我更有趣、更有吸引力的人。	消极看待自己的努力	积极看待自己的努力	实际上需要付出多少努力？	
	认为表现只有满分或零分	按实际表现打分	从连续谱的角度看，我现在进展如何？最现实可行的改进方式是什么？	
我真傻，早该想到这件事会发生。				
真不敢相信我在他身上浪费了这么多年。	将错误灾难化	正确分析错误	我可以从我的错误中学到些什么？我能做哪些不同的事？	
	将他人视为判官	将他人视为资源	他们是否为我提供了可操作性强的有用信息？	
我的人生还有什么意义？我再也找不到能让我快乐起来的人了。	竞争性比较	建设性比较	我可以从别人那里学到些什么？他们的成功是否值得借鉴？	

固定型思维主导下的情绪	固定型思维的模式	成长型思维的模式	转变思维方式的问题和方法	成长型思维主导下的情绪
轻 / 中 / 重			我要如何做才能容忍这种情况？我该如何让自己平静下来？	
受伤、迷茫、尴尬、绝望			腹式呼吸法、专注当下法、FLOAT 训练法	

固定型思维主导下的行为	固定型思维的模式	成长型思维的模式	转变思维方式的问题	成长型思维主导下的行为
和她不太喜欢的男人约会。喜欢她的男人她都不喜欢。	选择过易或过难的目标	选择积极挑战	我要如何设计一个具有可操作性的、循序渐进的成长思维主导下的计划？什么时候开始执行这个计划？	
不想和亲密的朋友或家人分享细节，只告诉他们分手是两个人的决定。	减少或不再努力	更加努力	（如果不考虑付出）我要坚持这个计划多久？	
避免与共同的朋友，尤其是看起来过得很幸福的情侣接触。	对进步进行辩解或夸大	对进步进行准确评估	我的优点和弱点是什么？我要如何弥补自己的弱点？	
	隐藏错误	分析错误	我要采取哪些措施来改正这个错误？	
告诉她的朋友他真是个混蛋，他只不过是另一个欺骗人感情的坏人。	寻找赞同并逃避批评	从批评中寻找建设性信息	谁能给我有效信息？我要什么时候用上这些信息资源？	
	诋毁或躲开其他成功的同辈群体	分析别人的成功经验	其他人都用了哪些方法获得成功？我能否效仿他们？	

当你在预测前方可能出现的陷阱时，请记住，它们可能会被裹上糖衣，伪装成看似积极的东西。现在，请你转换一下角色，在同样的故事中扮演亚历山德拉的伴侣。你是亚历山德拉崇拜的对象，完美至极，你也相信这一点。然而，当你拥有这种看法时，它又会如何阻碍你对这段长期亲密关系的维持？

设想最佳的情况

现在，让我们为自己创建一个美梦模拟器。这是另一个维度的锻炼方式，能帮助我们运用成长型思维应对看似积极的情况，从而同样增强我们的心理韧性。让我们回到第 5 章中马塞尔的故事。马塞尔在自己的园林绿化生意方面称得上小有成就。他工作努力，手下管理着几个得力的员工，于是便有更多的时间和精力来投放广告，应对客户询问，并且对项目进行估算。他的生意利润颇丰，其中一部分被用于购买设备以扩大生产规模。在这个练习中，他问自己："对我的生意来说，最好的情况是什么？那一定是疯狂扩张市场，取得巨大的成功，最后最大的竞争对手都被我搞垮。"

接下来，马塞尔便开启更丰富的想象力，将自己的创业故事在脑海中制作成了一部情节完整、画面真实的电影，并将自己作为男主角沉浸其中。他的生意像中了彩票头奖那样让他一夜暴富，广告铺天盖地，新客户源源不断地涌来询问信息，商标出现在每个高档社区的草坪上，技术装备在业内稳居一流水平，团队规模大，员工能力强，网上关于公司的所有评论都是五星好评。然后他还听到消息说，他最大的竞争对手倒闭了，正在申请破产。这听起来是不是特别棒？

此时，马塞尔便会问自己："当我听说我的竞争对手失败时，我的想法、情绪和行为是什么？"他问道："这个看上去蒸蒸日上的场景，是否会引发某种固定型思维？我要如何对其进行判断和分析？"于是，马塞尔就在下面的工作表中记录下了自己与固定型思维相关的想法、情绪和行为。你能帮助他完成这份表格，并用成长型思维建立起向上攀登的脚手架吗？请你填写成长型思维主导下的想法、情绪和行为，并对表格中转变思维方式的问题做出回答。

马塞尔的成长型思维工作表

☆ **描述你的固定型思维陷阱：** 听到最大的竞争对手退出市场的消息

☆ **标出陷阱的类型：**

　　1. 面对有挑战性的任务

　　2. 努力了却事倍功半

　　3. 评估进度

　　4. 犯了错误

　　5. 受到他人的赞扬或批评

　　6. 听到别人的成功或失败

固定型思维主导下的想法	固定型思维的模式	成长型思维的模式	转变思维方式的问题	成长型思维主导下的想法
我才是这个行业的佼佼者，他无足轻重。	对自己进行"全或无"的评价	正确分析当前的技能水平	我对改进方式有什么分析和想法？我该如何实现自己的价值？	
	消极看待自己的努力	积极看待自己的努力	实际上需要付出多少努力？	
	认为表现只有满分或零分	按实际表现打分	从连续谱的角度看，我现在进展如何？最现实可行的改进方式是什么？	
	将错误灾难化	正确分析错误	我可以从我的错误中学到些什么？我能做哪些不同的事？	
	将他人视为判官	将他人视为资源	他们是否为我提供了可操作性强的有用信息？	
	竞争性比较	建设性比较	我可以从别人那里学到些什么？他们的成功是否值得借鉴？	

固定型思维主导下的情绪	固定型思维的模式	成长型思维的模式	转变思维方式的问题	成长型思维主导下的情绪
轻/中/重			我要如何做才能容忍这种情况？我该如何让自己平静下来？	
幸灾乐祸			腹式呼吸法、专注当下法、FLOAT训练法	

固定型思维主导下的行为	固定型思维的模式	成长型思维的模式	转变思维方式的问题	成长型思维主导下的行为
在业务发展和客户维护方面产生懈怠心理。 减少广告投放和设备升级的预算。	选择过易或过难的目标	选择积极挑战	我要如何设计一个具有可操作性的、循序渐进的成长型思维主导下的计划？什么时候开始执行这个计划？	
	减少或不再努力	更加努力	（如果不考虑付出）我要坚持这个计划多久？	
把时间花在打高尔夫球，而不是监督工作团队上。	对进步进行辩解或夸大	对进步进行准确评估	我的优点和弱点是什么？我要如何弥补自己的弱点？	
	隐藏错误	分析错误	我要采取哪些措施来改正这个错误？	
向朋友和家人吹嘘自己有多成功，以及自己的竞争对手有多失败。	寻找赞同并逃避批评	从批评中寻找建设性信息	谁能给我有效信息？我要什么时候用上这些信息资源？	
	诋毁或躲开其他成功的同辈群体	分析别人的成功经验	其他人都用了哪些方法获得成功？我能否效仿他们？	

请注意，我并不是说你的胜利不值得庆祝，也并不是说马塞尔只能吭哧吭哧地埋头苦干。我只是想说，要当心胜利的荣光变成一种固定型思维，这种威胁反而可能会危害帮助你努力迈向终极目标的成长型思维。

你翘首以盼的未来可能会出现哪些阻碍成长的威胁？请在第2章的生活满意度调查问卷中，选择一个你已经取得一些进展的领域，比如通过锻炼来改善你的健康状况。设想一个你未来可能面临的最坏情况：你的医生告诉你，尽管你经常锻炼身体，但你患有严重的冠心病（我虚弱无力）。再设想一个你未来可能面临的最佳情况：你的医生告诉你，你的生理年龄比你的实际年龄小10岁（我不可战胜）。

然后运用丰富的想象力，将这两个故事的走向在脑海中制作成两部情节完整、画面真实的电影，并将自己作为主角沉浸其中，直面两种不同的成长威胁，并想象一下，你会分别对它们做出何种反应？在那一刻，你会有什么想法、情绪和行为？你会陷入某种固定型思维之中吗？将答案分别填写到两张成长型思维工作表中。通过这项练习，你可以锻炼心理韧性，在未来面对固定型思维带来的成长威胁时，能更加从容而灵活地应对。

总结

固定型思维会不知不觉地让你作茧自缚，让你产生无助的情绪，并缩小和限制你的选择。要想躲开这 3 个固定型思维陷阱，你可以使用成长型思维工作表来加强自己的成长型思维：

· 在成长型思维工作表的帮助下，指导他人建立成长型思维。

· 指导早年的你建立成长型思维——重温过去的具有挑战性的挫折，并使用成长型思维工作表来进行复盘，放下情绪，并重建认知。

· 指导未来的你建立成长型思维——想象你在未来可能会遇到的成长威胁，并使用成长型思维工作表来建立心理韧性。

以成长型思维工作表为蓝图，你可以为自己搭建起一个逃离固定型思维的脚手架：你可以通过鼓励性的话语指导自己，在情绪将你拉到谷底时往上爬，或是在想临阵退缩的时候把自己往前推一把。

PART 2
第二部分

实践成长型思维

第 7 章
有助于实现职业目标的成长型思维

CHAPTER 7

成长型思维可以激励你加大步伐,迈向心之所向的职业成就目标,然而,职业生涯的发展是一段在漫漫长路上的修行,在培养技能、打造履历、求职、面对竞争激烈的市场、开发客户和建立人际关系等过程中,你难免会面临诸多障碍,因此很难始终保持成长型思维。如果不提高警觉,固定型思维就可能在不知不觉中让你偏离自己预设的职业发展轨迹:它会让你陷入自我限制性的思维中,用无益的情绪分散你的注意力,并缩小和限制你的职业选择。在前几章中,你已经学会了如何识别出固定型思维的警示信号,并使用专门的认知行为疗法工具将你从各种陷阱中解救出来。在本章中,你将运用这些工具来搭起向上攀爬的脚手架,为自己构建坚实的平台,用成长型思维来进行回应,迈向更加充实的职业生活:通过有助于提升职业能力的自我对话来指导自己,迈向职场上升之路,摆脱自我限制式情绪。尽管你可能会留恋当前工作的舒适区,因为畏难情绪而想待在原地,但你还是要推自己一把,让自己迈出向前的一步。

如果你重视职业发展并对自己的职业生活感到不满意,比如在生活满意度调查问卷中,你的满意度评分为 0 分或更低(请参考第 2 章),那么本章中的内容将会对你有所帮助。在这一章中,我们将把你所学到的成长型思维应用到你的职业发展中。取得职业成就并非一蹴而就的事，因此我建议你进行一些额外的阅读，有许多出色的书籍可以帮助你发展事业和寻找工作，从而支持你在追求职业成就方面获得成功。

成长型思维工作表是你的职业发展蓝图，它将所有要素整合在一起，构成了一个主要的计划，来帮助你保持成长型思维。在本章中，你将：

1. 将你对工作的不满转化为职业生涯的成长目标。

2. 想象迈向该职业目标的一步，并承诺付诸行动。

3. 使用成长型思维工作表和你的认知行为疗法工具，来识别和跨越可能妨碍你职业发展的6种陷阱。

在完成第一步之后，你将迈出通向职业目标的第二步，请一直保持警惕，抵御成长威胁，并重复此过程。在认知行为疗法工具的帮助下，请你保持成长型思维，一步一个脚印地向前迈进。

将你对工作的不满转化为职业目标

如何将你对工作的不满转化为职业生涯的成长目标？让我们来看看格里的例子吧，她觉得自己正在被工作所困。格里是一家保险公司的数据分析师，她已经在这个公司干了3年多，一直有着很好的工作表现。她喜欢数据分析，但所在部门人手严重不足，因此为了赶上项目的最后期限，她总是不得不在工作日晚上和周末加班。她曾向上司申请增员和加薪，但没有人做出回应。格里感到进退维谷。她告诉自己，她应该申请另一个行业或公司的工作，但她连锻炼的时间都找不到，更别提花时间来搜索招聘信息了。她发现，自己总是工作到很晚，一身疲惫地回家，刷她最喜欢的电视剧，然后就在沙发上不知不觉地睡着了。第二天还是如此，过去3年也都是这样过来的。你能用你从这本书中学到的东西来帮助格里吗？你要从哪里开始切入？固定型思维和格里的故事有什么关系？

有时候，要想弄清楚自己如何在职业生涯中获得成长并非易事。这是意料之中的事，尤其是当你陷入某种固定型思维的时候。固定型思维是自我限制性的，你会将自己限制在某个已知的环境中，尽管感到不满意，但至少是令你感到安全的。例如，尽管格里已经对自己的工作十分不满意，但她却觉得自己没有精力去改变这种处境。如果是你的话，那么你会如何跳出这个陷阱，更好地发展你的职业生涯呢？

确定你对工作不满的具体方面

问问自己以下问题：

1. 你对自己的职业生涯存在哪些不满？

___

2. 你的不满是来自你所做的工作内容吗？你对这份工作的具体任务感到无聊吗？哪些任务比其他任务让你更不喜欢？在这里写下你对工作任务的具体不满。

___

3. 你的不满是来自你所处的工作环境吗？是因为没有足够的支持吗？是因为没有足够的补偿吗？是因为让你无法实现工作与生活的平衡，还是因为没有足够的人际互动或者有过多的人际互动？在这里写下你对工作环境的具体不满。

___

现在，通过提出以下问题，将你对工作的不满转化为职业成长目标：

· 是否有这样的工作，你虽然对其感兴趣，但由于担心自己会做不好或看上去愚蠢而避免去做？

· 是否有这样的工作，你虽然重视且擅长它，但由于害怕露怯而避免去做？

・是否有你觉得安全但无聊的工作？在这些工作中，你可能会对展示自己的能力充满信心，这些工作甚至让你看上去才华出众,但你却觉得有点厌倦。哪些工作会让你觉得更有趣，但可能有点冒险？

・你是否曾经尝试过一些职业上的变动，但由于受到挫折，最终只得遗憾放弃？如果你可以毫不费力地实现这些职业变动，你会重视这些改变吗？

・在你的职业生涯中，你是否曾对学习新鲜事物感到充满挑战和兴奋？你参加的是什么活动？你还能感受到那种兴奋吗？当你面对陌生而具有挑战性的新鲜事物时，你会出现又紧张又兴奋的感受吗？对于一个你才参与不久的新活动，你最喜欢它的哪些方面？你现在是否还会参加类似的活动？

格里对自己提出了以上问题，并得出结论：她很想在某家自己曾实习过的公司找一份工作，因为那家公司的管理层非常提倡团队合作，她觉得自己在那里很有归属感。她对那家公司的团队氛围感到兴奋，当为工作组做出贡献时，她觉得自己浑身充满干劲。她其实挺喜欢自己现在的工作内容，喜欢数据分析，但却不喜欢孤立无援的工作环境。如果不是因为麻烦，她早就申请心仪公司的工作了。

简而言之，格里将她对工作的不满转化为了一个成长目标。她问自己："如果我不担心失败、安全或尴尬，那么我该怎么做？如果我能毫不费力地做到任何事，那么我又该怎么做？"因此，格里将自己的职业成长目标设定为：在一家具备良好团队氛围的公司找到一份工作。

那么你呢？你的职业成长目标是什么？如果你对自己的工作感到无聊或不满，那么在不担心失败的前提下，你会如何挑战自己？你会参加在线课程吗？或者回学校深造？还是找位导师点拨自己？要不干脆要求升职？如果你不想打安全牌的话，那么你会想要承担专业程度更高的工作吗？如果你不担心是否尴尬，那么你会转岗吗？还是跳到别家公司，或者干脆进入完全不同的行业领域？如果你认为自己可以毫不费力地做成任何事，那么你会考虑在不同的地点工作吗？你会考虑自己创业吗？

请记住，职业成长目标应当是会让你感到兴奋的目标。在想到它时，也许你会感到害怕、想要逃避、担心失败，但它仍然是你心仪的专业目标，是一个能为你的职业生涯增添满意度和幸福感的目标。

请在这里写下你的职业成长目标：＿＿＿＿＿＿＿＿＿＿＿＿＿＿＿＿＿

看到和做到迈向目标的一步

既然你已经有了职业成长目标，那么，要迈出怎样的第一步，才能更加接近它？你能想象或看到自己迈出那一小步的样子吗？如果看不到，那么请你问问自己，在迈出这充满仪式感的"第一步"之前，是否还需要为"这一步"迈出"一小步"？请你想象一下，自己在特定的时间节点及时迈出那"一小步"的样子，"这一步"必须要让你感到有点不适或不安。

下面我将以格里的故事为例，来阐述这个过程。起初，她认为迈向自己职业成长目标的第一步是对有前景的公司进行调研。她一直在想象该如何开始，但很快就发现，若要进行调研，就必须腾出一周左右的时间全身心地投入于此。没完没了的工作和加班已经让她疲惫不堪、压力很大，所以她无法想象自己还能有时间和精力去做点别的。于是她开始意识到，自己应当迈出的第一小步，是减少自己花在当前工作上的时间，这样就可以减轻压力，把时间花在她的成长目标上。

格里将自己的第一小步设定为：每周两天提前下班。这样她就可以抽出时间锻炼半个小时。她对每周两天提前下班感到不安，但她更喜欢看到自己下了班骑行半小时后神采奕奕的样子。

在此，格里使用了第2章中提出的成长目标计划表来制订她的计划。以下是她的想法：

成长目标：在一家具备良好团队氛围的公司找到一份工作。

第一小步（可视化）：限制自己投入当前工作的时间，这样我就可以骑行锻炼，并有精力实现成长目标。

不安心情：担心同事会看不起我。

达成第一小步的时间：周一和周三下午5点30分就结束工作。5点30分至6点骑行锻炼。

那么你呢？你会朝着你的职业成长目标迈出怎样的第一小步——一个你可以看到的、在一周中的某个特定时刻迈出的、让你有点不舒服的一小步？

迈出你的第一小步

请你根据以下提示写下你的回答。

第一小步（可视化）：你会通过怎样的第一小步来开始迈向你的职业成长目标？

_____

不安心情：描述一下，是什么问题让你对迈出那一小步感到有点不安或不适？这可能是一种想法或感受。

_____

当你真的走出这一步时，也许你会感到不舒服，但请你一定要坚持下去。

达成第一小步的时间：把它写下来。写在方便你看到的地方，比如日历上或手机上。

_____

格里发现，尽管自己对早点下班去锻炼感到有些不安，但她最终还是把锻炼作为自己日常生活必不可少的一部分。为工作设定一些限制，让她得以腾出更多时间和精力做点别的事情，这只是格里寻求自己职业生涯发展的第一小步。对格里来说，第一步也许还真不是最难的一步。

发现和防范6种成长威胁

到目前为止，这些步骤听起来都不难做到，对吧？放下你对工作的不满，把它变成一个成长目标，想象朝着这个目标迈出的第一步，并努力去实现它——这听起来着实简单，对吧？到目前为止，不过就是填写成长目标计划表罢了。

谁还没做过计划呢？随便说一个吧，比如改善你的身体状况。你设定了一个目标，然后规划好时间，并将其放进日程表中：周一和周三下午5点30分到6点，骑行锻炼。很简单，对吧？这对某些人来说也许轻而易举，但对另一些人来说就不那么轻松了。那我们该如何是好呢？答案是，没关系，关键在于保持你的成长型思维。

通过阅读本书你可以发现，当你向着成长目标迈进一小步的时候，最大的挑战就在于，你要发现并抵御固定型思维。当你试图改善你的身体状况、人际关系或发展你的职业生涯时，你要警惕和固定型思维相关的想法、情绪和行为，然后搭建起自己的成长型思维脚手架，不断向上攀爬。

也请你记住，有时你意识不到自己冲进了死胡同里。胡同高高的围墙限制住了你，你便干脆就地坐下，因为这看上去也挺安全的。但事实真的如此吗？你又是怎么知道的？

在死胡同里躺着摆烂，是你珍视的生活的样子吗？还是不去在乎是否会失败、犯错或看上去愚蠢，只是一心努力爬出高墙，然后去寻找其他可能性？

制订计划的同时，我们还需要注意6种成长威胁，使用专门的认知行为疗法工具来检测自己是否有固定型思维，并保持成长型思维，来帮助自己朝着成长目标迈出一个又一个坚实的步伐。

让我们再次回到格里的故事中。在追求职业发展目标的过程中，她可能会遇到什么样的成长威胁？你的任务是指导格里完成职业发展所需的步骤：筛选公司、打磨简历、拓展人脉、进行信息性面试以及参加面试等。请你帮助她在每个步骤中保持成长型思维，识别并抵御她可能会遇到的固定型思维障碍。通过指导格里，你也会在以后面对职业发展中令人沮丧的情境时变得百折不挠，拥有超强的心理韧性。

筛选公司

格里计划在周六和周日两天的上午10点至11点，在网上筛选有潜力的公司。周六上午10点，她准时坐在了电脑前，打算开始研究。然而，在进行公司筛选的过程中，她感到困难重重，然后看了看时间，已经是上午10点47分了。她感到沮丧极了，便对自己说："我已经花了47分钟，却连一个匹配的公司都没有找到。我可是一名数据分析师啊，这事不应该这么困难。艾莉莎不到一个月就找到了一份她喜欢的新工作。我是怎么了？按这个速度，我永远也找不到自己想要的信息。即使我找到了一个职位，他们也不会有兴趣雇用我。"

格里便愤而离开电脑，开始去洗衣服，然后给朋友发短信，约他们一起吃午餐。发生了什么事？格里遇到了什么样的固定型思维陷阱？你从她的想法中看到了什么思维方式？她的情绪发生了什么变化——她感觉到了什么？她的反应如何？看看你是否能发现格里在固定型思维主导下产生的想法、情绪和行为，并将它们记录在成长型思维工作表上。

现在，如果格里能持续保持成长型思维，那么她将如何处理这个过程？你能帮助格里搭建起成长型思维的脚手架吗？你将如何鼓励她用成长型思维来进行自我对话？你将如何帮助她摆脱挫折感？当她出现这些情绪时，你会提出什么建议？你可能会建议她采取哪些成长型思维主导下的行为？

请完成格里在职业上的成长型思维工作表。现在，让我们来看一下如何完成这个示例。

格里在职业上的成长型思维工作表：筛选公司

☆ **描述你的固定型思维陷阱：** 星期六上午在电脑上筛选公司，居然花了整整 47 分钟

☆ **标出陷阱的类型：**

1. 面对有挑战性的任务
2. 努力了却事倍功半
3. 评估进度
4. 犯了错误
5. 受到他人的赞扬或批评
6. 听到别人的成功或失败

固定型思维主导下的想法	固定型思维的模式	成长型思维的模式	转变思维方式的问题	成长型思维主导下的想法
我已经花了47分钟，却连一个匹配的公司都没有找到。 我可是一名数据分析师啊，这事不应该这么困难。 艾莉莎不到一个月就找到了一份她喜欢的新工作。我是怎么了？ 按这个速度，我永远也找不到自己想要的信息。 即使我找到了一个职位，他们也不会有兴趣雇用我。	对自己进行"全或无"的评价	正确分析当前的技能水平	我对改进方式有什么分析和想法？我该如何实现自己的价值？	我已经研究了47分钟。筛选公司本就需要花费一些时间。
	消极看待自己的努力	积极看待自己的努力	实际上需要付出多少努力？	如果我能在47分钟内找到一家完美的公司，那就太棒了，但这不太可能。
	认为表现只有满分或零分	按实际表现打分	从连续谱的角度看，我现在进展如何？最现实可行的改进方式是什么？	我只是在学习如何进行这种类型的研究，所以，我的第一次尝试进展缓慢是可以理解的。我在自己的工作中表现出色，并不意味着我在所有事情上都擅长。
	将错误灾难化	正确分析错误	我可以从我的错误中学到些什么？我能做哪些不同的事？	是否有一些资源可供我利用？我是否认识其他可能已经进行过这种研究的人？我能否与艾莉莎聊聊？
	将他人视为判官	将他人视为资源	他们是否为我提供了可操作性强的有用信息？	
	竞争性比较	建设性比较	我可以从别人那里学到些什么？他们的成功是否值得借鉴？	与其提前为将来能否被录用而焦虑，不如继续让自己专注在当前的筛选工作上。

固定型思维主导下的情绪	固定型思维的模式	成长型思维的模式	转变思维方式的问题和方法	成长型思维主导下的情绪
轻 / 中 / 重			我要如何做才能容忍这种情况？我该如何让自己平静下来？	
受挫感			腹式呼吸法、专注当下法、FLOAT训练法	减少受挫感，加强专注力。

固定型思维主导下的行为	固定型思维的模式	成长型思维的模式	转变思维方式的问题	成长型思维主导下的行为
愤而离开电脑，开始去洗衣服。 给朋友发短信，约他们一起吃午餐。 放弃在周日继续推进筛选工作。	选择过易或过难的目标	选择积极挑战	我要如何设计一个具有可操作性的、循序渐进的成长型思维主导下的计划？什么时候开始执行这个计划？	不论感觉如何，坚持坐在电脑前工作满一个小时。周日也要继续这样。 盘点一下相关书籍和其他资源，以了解如何对公司的工作环境进行评估。
	减少或不再努力	更加努力	（如果不考虑付出）我要坚持这个计划多久？	与那些经历过求职过程的人取得联系。给艾莉莎写封电子邮件咨询一下。
	对进步进行辩解或夸大	对进步进行准确评估	我的优点和弱点是什么？我要如何弥补自己的弱点？	
	隐藏错误	分析错误	我要采取哪些措施来改正这个错误？	
	寻找赞同并逃避批评	从批评中寻找建设性信息	谁能给我有效信息？我要什么时候用上这些信息资源？	
	诋毁或躲开其他成功的同辈群体	分析别人的成功经验	其他人都用了哪些方法获得成功？我能否效仿他们？	

现在，假设你正在为推进职业发展而进行研究。想象一下进行这项研究的过程。它会是什么样子的？有时你可以在线进行这项研究，有时你可能需要从他人那里获取一些信息。你能想象应该踏出怎样的第一步吗？你能把它记录在你的日历上吗？你能想象在迈出下一步时所经历的挣扎吗？你会感到沮丧或灰心吗？请你使用职业成长型思维工作表，为这一阶段设想一下最好和最糟的情况。

打磨简历

现在我们假设,在成长型思维的主导下,格里已经研究并筛出了一些自己有望进入的公司。几周过后,她在网上搜到了一些有着她喜欢的团队氛围的公司。

下一步行动是打磨她的简历。她计划在周六和周日上午10点至11点这个时间段来完成。周六,她打开了3年未碰的简历,过了一遍后自我感觉良好,便将其发送给朋友,让他们来帮自己参谋。周日,朋友们纷纷发来积极反馈,格里便对自己说:"哇,我可真是个超级巨星。让我更新一下日期就万事俱备了。"她更新了日期,就将简历发送给了所有她锁定的公司。

也许格里的简历的确非常出色,但你能否从她的反应中辨识出固定型思维?哪些想法、情绪和行为可能表明她偏离了成长型思维的轨迹?这些反应可能会如何对她打磨简历和收获理想的录用通知形成阻碍?

你看到了什么样的思维方式?如果站在成长型思维的角度来审视简历,这会对格里更有帮助吗?那样的角度应该是什么样的?有哪些成长型思维训练可能会对她有所帮助?格里可以采取哪些成长型思维主导下的行为?可以考虑向其他人请教,让他们审核她的简历吗?你有没有在类似行业工作的同行能提供一些建议?

请帮格里完成另一个在职业上的成长型思维工作表。以下给出了一个示例,请记住,你填入的内容不必完全与之一致。在查看示例后,你是否会采用其中某些内容,并添加到你为格里填写的表格中?

格里在职业上的成长型思维工作表：打磨简历

☆ **描述你的固定型思维陷阱：** 在周六打磨我的简历，并请朋友审核

☆ **标出陷阱的类型：**

   1. 面对有挑战性的任务

   2. 努力了却事倍功半

   3. 评估进度

   4. 犯了错误

   5. 受到他人的赞扬或批评

   6. 听到别人的成功或失败

固定型思维主导下的想法	固定型思维的模式	成长型思维的模式	转变思维方式的问题	成长型思维主导下的想法
哇，我可真是个超级巨星。让我更新一下日期就万事俱备了。	对自己进行"全或无"的评价	正确分析当前的技能水平	我对改进方式有什么分析和想法？我该如何实现自己的价值？	希恩认为我的简历很出色，这让我感到很高兴。我在想，她具体是在夸奖简历上的哪一部分？也许我可以问问她，是否还有可以改进的建议？
	消极看待自己的努力	积极看待自己的努力	实际上需要付出多少努力？	
	认为表现只有满分或零分	按实际表现打分	从连续谱的角度看，我现在进展如何？最现实可行的改进方式是什么？	打磨简历可能还需要多花些时间。毕竟，我已经3年没有看过它了。
	将错误灾难化	正确分析错误	我可以从我的错误中学到些什么？我能做哪些不同的事？	我在考虑应当如何按照我喜欢的各家公司的要求，为它们量身打造更加具有适配性的简历。
	将他人视为判官	将他人视为资源	他们是否为我提供了可操作性强的有用信息？	另外，我是否还认识可以为我提意见的人？他们可能不会像希恩那样全是赞美，但这种建议可能会有帮助。
	竞争性比较	建设性比较	我可以从别人那里学到些什么？他们的成功是否值得借鉴？	

固定型思维主导下的情绪	固定型思维的模式	成长型思维的模式	转变思维方式的问题和方法	成长型思维主导下的情绪
轻 / 中 / 重			我要如何做才能容忍这种情况？我该如何让自己平静下来？	
自我感觉良好，为自己感到骄傲。			腹式呼吸法、专注当下法、FLOAT 训练法	保持坚定，保持好奇。

固定型思维主导下的行为	固定型思维的模式	成长型思维的模式	转变思维方式的问题	成长型思维主导下的行为
仅仅更新一下日期便将简历发出去。	选择过易或过难的目标	选择积极挑战	我要如何设计一个具有可操作性的、循序渐进的成长型思维主导下的计划？什么时候开始执行这个计划？	把简历发送给其他人寻求意见。
	减少或不再努力	更加努力	（如果不考虑付出）我要坚持这个计划多久？	充分利用周末的时间，评估自己的优点和不足之处，对简历进行认真修改完善。
	对进步进行辩解或夸大	对进步进行准确评估	我的优点和弱点是什么？我要如何弥补自己的弱点？	研读各家公司的信息和需求，为它们量身打造适配性更强的简历。
	隐藏错误	分析错误	我要采取哪些措施来改正这个错误？	
	寻找赞同并逃避批评	从批评中寻找建设性信息	谁能给我有效信息？我要什么时候用上这些信息资源？	
	诋毁或躲开其他成功的同辈群体	分析别人的成功经验	其他人都用了哪些方法获得成功？我能否效仿他们？	

现在，假设格里对她的简历出现了截然不同的反应。她打开简历后说："这简历糟透了。我不希望任何人看到这玩意儿。这根本就拿不出手啊。为什么还要费心去找新的工作呢？还得花费好多时间和精力，我现在的收入已经比很多人高多了。"她感到尴尬和沮丧，便走进厨房，撕开一包薯片吃了起来。然后她在周六花了几个小时来纠结简历的不太重要的细节而非内容，比如调整行距和字体。到了周日她便感到筋疲力尽，完全拒绝再去想关于简历的事情。

你能从格里的这些表现中辨识出固定型思维吗？有哪些信号？请使用成长型思维工作表来帮助格里处理这种思维方式主导下的反应。在填写完表格之后，看看下面给出的示例，你是否会采用其中的某些内容，并添加到你为格里填写的表格中？

格里在职业上的成长型思维工作表：打磨简历

☆ **描述你的固定型思维陷阱：** 在周六打磨我的简历

☆ **标出陷阱的类型：**

1. 面对有挑战性的任务
2. 努力了却事倍功半
3. 评估进度
4. 犯了错误
5. 受到他人的赞扬或批评
6. 听到别人的成功或失败

固定型思维主导下的想法	固定型思维的模式	成长型思维的模式	转变思维方式的问题	成长型思维主导下的想法
这简历糟透了。我不希望任何人看到这玩意儿。这根本就拿不出手啊。 为什么还要费心去找新的工作呢？还得花费好多时间和精力，我现在的收入已经比很多人高多了。	对自己进行"全或无"的评价	正确分析当前的技能水平	我对改进方式有什么分析和想法？我该如何实现自己的价值？	这个简历我已经3年没看过了，所以需要费点时间来改。让我坚持下去，按照我的计划来做吧。
	消极看待自己的努力	积极看待自己的努力	实际上需要付出多少努力？	虽然我的工作收入不错，但我对工作氛围感到不满极了。这份简历是我探索职业发展的其他可能性的重要一步。
	认为表现只有满分或零分	按实际表现打分	从连续谱的角度看，我现在进展如何？最现实可行的改进方式是什么？	是否有人可以给我提供关于这份简历的意见？我在这个行业还认识谁呢？
	将错误灾难化	正确分析错误	我可以从我的错误中学到些什么？我能做哪些不同的事？	我会进行一些修改，这需要花费一些时间和精力。它不必完美，但要比之前更好，也更加符合我眼下的情况。我是否可以考虑，让它看起来比之前提升25%呢？
	将他人视为判官	将他人视为资源	他们是否为我提供了可操作性强的有用信息？	我拥有相应的技能。我已经做这份工作3年了，并获得了很好的评价。现在我只需要弄清楚，如何在简历中突显我的技能。
	竞争性比较	建设性比较	我可以从别人那里学到些什么？他们的成功是否值得借鉴？	

177

固定型思维主导下的情绪	固定型思维的模式	成长型思维的模式	转变思维方式的问题和方法	成长型思维主导下的情绪
轻 / 中 / 重			我要如何做才能容忍这种情况？我该如何让自己平静下来？	
尴尬、沮丧			腹式呼吸法、专注当下法、FLOAT训练法	保持冷静，更加专注。

固定型思维主导下的行为	固定型思维的模式	成长型思维的模式	转变思维方式的问题	成长型思维主导下的行为
丢下简历去吃薯片。花费大量时间反复纠结不重要的细节而非内容，不断做重复性工作，却将真正的工作拖着不做。周日拒绝再想关于简历的事情。	选择过易或过难的目标	选择积极挑战	我要如何设计一个具有可操作性的、循序渐进的成长型思维主导下的计划？什么时候开始执行这个计划？	按计划进行。请一些人给出关于简历的优点和不足之处的反馈。对简历进行更精细的打磨，但要坚持依照计划行事，并对每项具体工作的时间进行限制，以及设定一个现实可行的完成时间。
	减少或不再努力	更加努力	（如果不考虑付出）我要坚持这个计划多久？	
	对进步进行辩解或夸大	对进步进行准确评估	我的优点和弱点是什么？我要如何弥补自己的弱点？	
	隐藏错误	分析错误	我要采取哪些措施来改正这个错误？	
	寻找赞同并逃避批评	从批评中寻找建设性信息	谁能给我有效信息？我要什么时候用上这些信息资源？	
	诋毁或躲开其他成功的同辈群体	分析别人的成功经验	其他人都用了哪些方法获得成功？我能否效仿他们？	

你能否看出，如果把格里在第一种情况下的反应当作一枚硬币的一面，那么格里在第二种情况下对挫折做出的反应，其实是同一枚硬币的另一面？面对修改简历这一具有挑战性的任务，在刚才描述的两种情景中，都引发了格里的固定型思维。

我们要如何才能发现自己拥有固定型思维？其中的一条重要线索就是"对自己进行'全或无'的评价"。从上面的故事中，你可以看到，在对自己的简历进行评价时，格里做出了"哇，我可真是个超级巨星"和"这简历糟透了"两种简单直接而又截然相反的评价，这两种评价方式都对她后续打磨简历产生了不同的影响。可以看到，不论是积极还是消极的评价方式，固定型思维所引发的自我对话和情绪都让格里"打磨简历"这个具体的任务遇到障碍，从而使她半途而废，草草了事。认为自己是"超级巨星"的格里过早地终止了任务，因为她认为自己已经足够完美，没什么需要再改进的了；而认为自己的简历"糟透了"的格里则通过吃薯片和纠结不重要的细节等方式来逃避任务，从而无法从别人那里得到有建设性的信息，也就失去了对简历进行更全面分析的机会。

通过使用成长型思维工作表，你可以识别出自己的固定型思维的信号，从此走上成长型思维的道路。尽管那些固定型思维主导下产生的想法和情绪可能会分散你的注意力，但你随时都可以运用成长型思维来帮助自己保持专注，重新回到通向自我成长的道路上来，并及时付诸行动，比如对简历进行现实而准确的评估，或是与可能提供有建设性的意见的亲友聊聊。请你想象一下，你也正要打磨或创建一份自己的简历。尽管你可能心情忐忑，但也请集中精力，把将要迈出的第一步具象化，承诺坚持下去，并将它添加到你的日程表中按时执行。

拓展人脉

现在，你已经帮助格里获得了成长型思维，她也已经改好了简历。接下来，她计划在业内拓展相关人脉，以增加她找到更符合预期的工作的机会。

她拓展人脉的第一步，是在领英网（LinkedIn）上发布个人资料。她将这一步骤写在了日历中，并迅速完成。

她的下一步计划是，列出潜在的职业关系网络。格里在日历中列出了行动时间，她要在计划的时间里在领英网上阅读业界相关人士的个人资料，并研究他们获得的认可和给出的推荐。在这一步中，可能会有哪些成长威胁？

拥有固定型思维的格里可能会对自己说："看看他们取得了多么伟大的成就。我已经浪费了过去的3年时间。当他们还有这么多其他的求职者可供选择时，谁还会雇用我呢？"当面对这些想法时，她会有什么情绪？这些想法可能会如何妨碍她拓展人脉？

拥有另一种固定型思维的格里可能会说："这些人都太弱了。我的水平要远远超过他们。"当面对这些想法时，她又会有什么情绪？这些想法和情绪可能会如何妨碍她拓展人脉？她会为面对面的专业沟通做好充分准备吗？

当你面对同样的情况时，你又会如何表现？当你在领英网上阅读他人的成就时，拥有固定型思维的你会怎么想、怎么做，感受如何？拥有成长型思维的你又会怎么想、怎么做，感受如何？

使用成长型思维工作表来记录你在阅读领英网上的帖子时的反应，并识别出潜在的固定型思维的信号，用你在职业上的成长型思维来抑制这些不良反应。

进行信息性面试

假设现在你和格里都获得了成长型思维的视角，并完成了潜在的人脉拓展名单，接下来准备进行信息性面试。准备工作进行得很顺利，你从互联网和书籍中找到了大量关于信息性面试的资料，包括如何介绍自己、面试官可能提的问题（比如"你最喜欢和最不喜欢这家公司的什么"）、如何感谢对方以及如何与对方保持联系等。现在，既然面试准备工作已经完成，那么你的下一步行动是什么？是与名单上的人员取得联系，建立良好的初步接触，并进行信息性面试。这看起来很容易吗？也许并不是这样的。

对一些人来说，这一步也可能会触发固定型思维。如果这种情况发生在你身上，请你采取行动来保持成长型思维。当你希望在自己的职业生涯中获得改变时，进行信息性面试和维护人脉是需要培养的重要技能。通过与行业内的人交谈，或参观他们的工作环境，你能学到一些在网上找不到的东西。

有些人会回避这一行动步骤，这种主动出击式的社交让他们感到不舒服。他们也许会对自己说："我很内向，我不擅长搞关系。"他们也许会非常自负："我不需要和别人搞关系，我有足够的才能。"又或者他们会说："没必要搞关系，我只要规规矩矩地在网上发布简历，对我感兴趣的公司就会来找我的。"

你能从这些反应中发现固定型思维吗？如果是你的话，你会因为固定型思维的阻碍而回避这一重要的职业成长行动吗？如果你的答案是"迎接挑战"，那么请你做好准备。当你查看联系人列表时，你可能会有什么样的想法和感受？使用成长型思维工作表来预测你的固定型思维，并保持你的成长型思维。

除了成长行动步骤，你还能做什么？如何使用成长层级（在第5章中介绍）来帮助你进行信息性面试？成长层级在这一部分中将会如何对你产生帮助？请完成以下给出的成长层级工作表来学习这一方法。

成长层级工作表：联系可以进行信息性面试的人

说明：如果你需要寻求职业发展信息，却难以向经验丰富的业内人士开口咨询，那么请使用本工作表帮助你做好准备。

1. 列出对你可能有帮助并能联系到的专业人士，并按照从最易接触到最难接触的顺序进行排列。
2. 从最易接触到的联系人（第一行）开始，安排你联系他们的时间和方式。
3. 联系他们，并安排面试的时间。
4. 总结你从面试中获得的经验教训。详细写出他们对你职业发展的具体建议。

联系人接触难易程度排序	联系日期和方式	面试时间	面试收获

格里首先从家人和朋友开始练习信息性面试，并向他们寻求有关她的风格和问题的建议。她利用这些信息来修改她的面试方式。然后，她按照难易排序逐级联系那些她不太了解的潜在联系人，一步步攻克更具挑战性的职业成长目标。以下是格里的成长层级工作表，以及她通过第一次面试所获得的经验教训。

联系人接触难易程度排序	联系日期和方式	面试时间	面试收获
1. 姐妹	今天下午3点，写封电子邮件联系	下周二下午6点	精简自我介绍部分，放慢提问速度，给对方更多思考和回答的时间。
2. 叔伯			
3. 母亲的朋友			
4. 巴里·M			

假设你已经创建出了一个成长层级工作表，但你和大多数人一样，发现要联系的最高目标就像个终极大boss那样，仅是远远一瞥就让人生畏。这个时候你该怎么办？你的工具箱中还有哪些认知行为疗法工具能将你武装起来？职业上的成长训练工作表（已在第3章中介绍）会对你有帮助吗？

首先想象一下与一个令人畏惧但非常重要的联系人进行信息性面试时可能会出现的最坏情况。也许你和对方约在了他的工作地点见面，当你走进他的办公室时，他的脸上并没有挂着欢迎的微笑，他甚至看起来有点不悦。当你开始介绍自己时，他却时不时地看手表、看窗外。当你向他提他的职业路径和公司发展的相关问题时，他只嘟囔了几个字。在漫长的30分钟后，当你感谢他花费宝贵的时间与你见面时，他却突然打断了你，说你并不具备进入他们公司所需的职场经验或教育背景。

请你想象一下，此时的你会作何反应呢？你要对自己严苛一些，把这种成长威胁在脑海中清晰地描绘出来，也就是说，你要无比生动地想象出这位权威而严厉的批评者的形象。他尖刻的言辞和态度会引发你的固定型思维吗？如果引发了的话，那么你是如何发现的？你是会对自己进行严厉的批评，还是进行热情的夸奖？有些人可能会对自己进行严厉的批评，而有些人则可能会对自己进行热情的夸奖，但无论哪种回应方式，都表明他们拥有固定型思维。

你会如何使用这种有效且有策略的训练来帮助自己获得成长型思维？如果发生这种最坏的情况，那么你会对自己说些什么？

职业上的成长训练工作表

说明：想象一个在最坏的情况中会出现的联系人，这位联系人冷血无情、挑剔严苛。当与这位联系人进行令人失望的会面后，你是会对自己进行严厉的批评还是热情的夸奖？在第一列中写下你的自我对话，在第二列中写下既有同情心又有策略的教练基于成长型思维做出的分析。

热情的夸奖和严厉的批评	既有同情心又有策略的教练的分析

让我们一起来看看格里在职业上的成长训练工作表。下面给出的第一个表显示了在进行完糟糕的信息性面试后让格里对自己做出严厉批评的固定型思维。

职业上的成长训练工作表：严厉的批评

热情的夸奖和严厉的批评	既有同情心又有策略的教练的分析
他认为我不具备他们公司所需的能力。	也许他就是这样的性格。也许他因为我的某些技能而对我产生了固定型思维主导下的看法。
在这次面试中，他对我完全提不起兴趣。	重要的是我收获了什么。我获得了哪些有用的信息？显然，通过与他的这次联系，我知道了这不是我喜欢的工作环境。
我还怎么可能找到一份自己喜欢的工作呢？	他提出，我不具备他们公司所需的技能和经验。那么我有哪些技能？我可以考虑去培养哪些技能？如何培养这些技能？
不值得再去经历这一切。	我有哪些经验符合这家公司的需求？还有哪些经验可能有助于我找到自己想要的工作？ 并不是所有的面试都会百分之百地给予我积极的反馈。还有哪些联系人值得考虑？

接下来的表则显示了在进行完糟糕的信息性面试后让格里对自己做出热情夸奖的固定型思维。

职业上的成长训练工作表：热情的夸奖

热情的夸奖和严厉的批评	既有同情心又有策略的教练的分析
他可真是个混蛋。	也许他就是这样的性格。也许他才是对我有固定型思维的那一方，也可能是我的某些技能引起了他的反应。
他怎么就看不出，我到底多有才华呢？	重要的是我收获了什么。我获得了什么有用的信息？显然，通过与他的这次联系，我知道了这不是我喜欢的工作环境。
不值得再去经历这一切，太浪费我的宝贵时间了。	他提出，我不具备他们公司所需的技能和经验。那么我有哪些技能呢？我可以考虑去培养哪些技能？如何培养这些技能？
	我有哪些经验符合这家公司的需求呢？还有哪些经验可能有助于找到我想要的工作？
	并不是所有的面试都会百分之百地给予我积极的反馈。还有哪些联系人值得考虑？

在进行了糟糕的信息性面试后，你能在自己面对严苛的批评者时产生的反应中察觉到固定型思维的存在吗？有哪些信号？这些反应有什么共同之处呢？在信息性面试中遇到难应对的人，可能会如上述例子所示，触发这两种典型的固定型思维。我们是如何知道自己陷入固定型思维的？我们要如何识别固定型思维的信号？你可以看到，固定型思维可能会触发不同的自我对话，但它们都会导致手头任务的失败。以面试后的收获感想为例：认为自己是"超级明星"的格里认为对方是个混蛋，这种想法并不能让她有什么收获；而认为自己"不够好"的格里则感到沮丧，这种想法也不能让她有什么收获。最终，两种情况都让她陷入了同样的境地——逃避参加未来的信息性面试，从而也

就失去了向行业内其他优秀人士学习的机会。

参加面试

现在，你已经进入帮助格里在面试时保持成长型思维的阶段。经过前面的筛选公司、打磨简历、拓展人脉和进行信息性面试等环节后，她在一家似乎符合她的标准的公司获得了重要的面试机会。

格里根据各类资料为面试做了准备，包括预测面试官针对她的简历会提出的问题，回答她的职业目标是什么以及她为什么对这家公司感兴趣等。她还准备好了回答自己的优点和缺点是什么，以及她该如何向面试官提出自己想对公司有更多的了解等。她与朋友进行了面试练习，并从他们的建议中学到了一些东西。简而言之，她已经利用各种关于面试的资料进行了反复研究和练习，在内容上做好了最充分的准备。

格里要如何才能在整个面试过程中保持成长型思维？当某种固定型思维让她偏离正轨时，她要如何才能将其识别出来？这就像一场聚光灯下的表演。格里一直在努力排练。现在，到了闪亮登场的时候了。面试官将对她做出评价，对方会高度称赞她还是觉得她一般？对方会觉得她闪闪发光还是暗淡无光？一切都赌在了这次面试上。她要么足够优秀，要么不够优秀。这不仅仅关乎工作，还关乎格里和她的生活。或者说，这种观点本身也是一种拥有固定型思维的表现吗？我们怎么知道自己是否拥有固定型思维？要如何才能发现它？什么想法、情绪和行为会表明格里在面试这件事上拥有固定型思维？请你在成长型思维工作表中记录可能表明格里有固定型思维的回应方式。

如果格里以成长型思维来看待这次面试，那么她会有怎样的反应？请使用职业上的成长型思维工作表中的提示，帮助自己在面试中保持成长型思维。你能将固定型思维转化为成长型思维吗？

当然，上述例子只是面试时会出现的固定型思维反应中的一种，还有许多其他类型的固定型思维反应。假如格里对面试不感到紧张，而是略显自满，她对自己说："一切都尽在我的掌握之中。"那么，这种思维方式又会如何影响她的面试准备？如果她在回答面试问题时犯了错误，那么这种思维方式会如何对她产生影响？如果她认为自己的面试非常成功，但最终却没有得到工作，那么这种思维方式又会如何影响她面对挫折时的心理韧性？

现在轮到你了，请你想象一下，你正要进行一场对你来说非常重要的工作面试。面试的那一天，你提前到达面试地点并候场准备，工作人员叫到了你的名字，你走进办公室，坐在面试官面前。当你走进办公室时，你的情绪如何？你有什么想法？你是否识别出了任何有关固定型思维主导下的想法或情绪？如果是这样的话，那么它们是什么？请在另一份职业上的成长型思维工作表中将这些内容记录下来。

也许你会在面试方面有这样的想法和情绪，也许你没有。如果你有的话，这并不奇怪，很多人都会有这样的反应。面试是有挑战性的，这并不容易。你需要付出一些努力来获得和保持成长型思维。更重要的是，现在你有机会通过加强成长型思维主导下的反应，来让自己对固定型思维免疫，从而减小它的影响。

总结

固定型思维可能会在不知不觉中让你偏离自己预设的职业发展轨道：它会让你陷入自我限制性的思维，用无益的情绪分散你的注意力，并限制你的职业选择。在成长型思维的帮助下，你可以通往更加充实的职业上升之路。

- 化解你对工作的不满情绪，将其转化为职业成长目标。
- 想象迈向该职业成长目标的一步，并承诺付诸行动。
- 使用成长型思维工作表和你的认知行为疗法工具，来识别和抵御可能妨碍你的职业发展的6种成长威胁。

在成长型思维的帮助下，你能搭起向上攀爬的脚手架，为自己构建坚实的平台，摆脱固定型思维，通过提升职业能力的自我对话来指导自己，迈向职业上升之路，摆脱自我限制式情绪。不要再留恋当前工作营造出的舒适区，不要再因畏难情绪而停滞不前，用力推自己一把，让自己迈出向前的一步吧。

第 8 章
日常生活中的成长型思维

CHAPTER 8

在第 7 章中，你学会了如何将成长型思维应用于职业发展的重大变化方面。现在让我们将成长型思维变成你可以每天使用的工具。你可以如何使用它来丰富和拓展你的日常生活，以应对日常挑战？你又是如何运用成长型思维来改善人际关系、身体状况或提升幸福感的？在这一章中，你可以看到各种可能性。

如果你发现自己在大部分时间拥有成长型思维，那么你就没有必要进一步阅读了。然而，你可能会发现，某些固定型思维会让你陷入某种日常生活的泥沼之中——这种生活循规蹈矩、可控安全，却令人不甚满意。让我们一起来看看多兰的故事，看看他是如何处理自己对日常生活的不满的。

多兰离婚了，独自住在一间公寓里。他喜欢自己作为一名汽车修理工的工作，但下班后，他却陷入了一种令他感到困扰的日常生活之中。他总感到下班后的日子特别漫长无趣：他会在当地的熟食店吃点食物，喝几杯啤酒，然后回家在有线电视上看看体育节目打发时间，直到睡着。自离婚以来的几年里，多兰下班后的活动一直如此。他胖了许多，整个人也看起来无精打采。周末，他会在当地酒吧和一些高中时期的朋友一起喝上几杯。这种日子让他感到无聊、不安和孤独。你能从多兰的日常生活中看到固定型思维存在的迹象吗？

日常生活中让人感到不满的不一定非得是什么大事，但它们的的确确每天都会让你感到沉重、疲惫。它们一直在不断地侵蚀着你、困扰着你。例如，一些人因与子女或伴侣缺乏有意义的连接而感到困扰；一些人因感到无法掌控日常财务而感到不安；一些人对自己的日常习惯感到苦恼；还有一些人则担心自己没有充分利用空闲时间，没有以有价值、轻松或健康的方式度过生命中的每一天。

你甚至可能从未想过，你可以用成长型思维来改变这些不满，过上与你的价值观一致的日常生活。这一章将向你展示：

- 如何化解日常不满情绪，将其转化为个人成长目标？
- 如何使用个人成长目标计划表来管理你的成长行动计划？
- 如何运用成长型思维作为日常防御措施，以保持你的进步？

如果你对自己每天习惯的生活模式感到不满，想要运用成长型思维来拓展和丰富你的日常生活，请继续往下阅读。

将你的不满转化为个人成长目标

固定型思维会将人限制在一种循规蹈矩、可控安全，但却令人不甚满意的日常生活中。你的生活也是如此吗？如果你确定了一些个人成长目标，那么你的生活会更充实吗？

确定你的个人成长目标

第一部分

通过回答以下问题，确定日常生活中令你不满的具体方面。

1. 你的不满是否与你的业余时间有关，比如你不满在晚上或周末进行的活动？你是否陷入了一种每日生活安全可控，但令人不满或无聊的模式之中，比如，追追剧、玩玩游戏或刷刷社交媒体，然后就上床睡觉？

_____

_____

2. 你是否有业余时间或自由时间？你的不满是否与你的情绪健康状态有关？你是否感到不堪重负或压力重重？

_____

_____

3. 你的不满是否与你的身体状况有关？比如你认为自己应该多加锻炼并且吃更加健康的食物，但尝试过后，你发现自己又回到了旧习惯中——久坐不动，几乎不锻炼，吃垃圾食品。

_____

_____

4. 你的不满是否与你的人际关系有关？你是否感到孤独或寂寞？或者你每天都有许多社交活动，但你却发现，其中只有很少的互动令你满意。你与伴侣、孩子、父母之间的关系如何？你是否感到缺乏连接感？你当前的人际关系是否充满压力？你是否感到缺乏支持或无人赏识？

_____

_____

5. 日常生活中还有哪些令你不满的方面？请记住，这些不满不一定得是什么大事，但它们每天都会让你感到沉重、疲惫。

_____

_____

请将你对日常生活中的具体不满写在下面的横线上：

_____

_____

第二部分

通过回答以下问题，将这种不满转化为日常的个人成长目标。

1. 是否有这样的活动，你虽然对其感兴趣，但由于担心自己会做不好或看上去愚蠢而避免参与？

_____

_____

2. 是否有这样的活动，你虽然重视它，但由于害怕露怯而避免去参与？

_____

_____

3. 是否有你觉得安全但无聊的日常活动？在这些活动中，你可能会对展示自己的能力充满信心，这些活动甚至让你看上去才华出众，但你却觉得有点厌倦。哪些日常活动会让你觉得更有趣，但可能有点冒险？

_____

_____

4. 是否有这样的活动，你今天很想尝试，但担心自己缺乏能力做好？

_____

_____

5.你是否曾经尝试过一些日常生活上的变动,但由于受到挫折,最终只得遗憾放弃?如果你可以毫不费力地实现这些生活变动,你会重视这些改变吗?

_____

_____

6.在你的日常生活中,你是否曾对学习新鲜事物感到充满挑战和兴奋?你参加的是什么活动?你还能感受到那种兴奋吗?当你面对陌生而具有挑战性的新鲜事物时,你会出现又紧张又兴奋的感受吗?对于一个你才参与不久的新活动,你最喜欢它的哪些方面?你现在是否还会参加类似的活动?

_____

_____

根据你的反应,你能想出一个可以让你提振精神的日常成长目标吗?当你想到这个目标时,你会感到害怕,想要逃避,但它仍然是一个能让你获得成长并增添幸福感的目标。

请将你的个人成长目标写在下面的横线上:

_____

_____

制定个人成长目标并不容易,特别是当你陷入了固定型思维之中时。固定型思维限制了你,而你却可能完全没有意识到它的存在。生活中的一切似乎都好。但这种"好"是真的吗?这是你珍视的日常生活应有的样子吗?

给自己一些时间去尝试各种可能性。你可能需要帮自己安排一系列约会。你的日常成长选择不一定非得是完美的或伟大的,它们只要能让你更为接近你所认为的有意义的生活即可。也许你一开始并未发现一件小事的价值,但你试着去做了,并坚持了一段时间,然后你才发现它的意义。例如,我曾经服务过一位来访者,尽管她认为自己没有制作珠宝的天赋,但她还是参与了一门珠宝制作课程。这门课程后来成了她生活的重要组成部分：她喜欢这种创造的过程，还在课堂上结交了一些新朋友。

如果你对日常生活感到无聊或不满，在不担心失败的前提下，你会如何挑战自己？你会参加在线课程吗，比如学着去演奏乐器？不一定非得学习演奏钢琴之类的大物件，学学尤克里里或口琴如何？

你会考虑参加夜校吗？看看教学目录中有什么吸引你的课程。你会学习一门新的语言，或是重新拿起你曾放弃的某门语言吗？你会学习一项新的运动，或是重新拿起你曾放弃的某项运动吗？

如果你无须担心太过冒险，那么你会试着去结交新朋友，或是尝试一个新的爱好吗？

如果你无须担心出洋相，你会试着去学跳舞或唱歌，或是参加冥想课程，以及看看心理治疗师或婚姻顾问吗？

如果你无须担心任何压力，那么你会花更多的时间与家人、朋友待在一起吗？你会考虑在你的社区做志愿者、装修你的房子、学园艺等吗？

让我们来看看，多兰是如何用这张工作表来定义他的个人成长目标的。他对自己在每周一、周二和周三晚饭后的 15 分钟进行了安排，以思考关于他的日常生活的第一部分和第二部分的问题。他在日历上做了标记。

首先，多兰处理了第一部分的问题，确定了他对日常生活中最明显的不满之处。他回答了他认为最相关的问题。

● 你的不满是否与你的业余时间有关，比如你不满在晚上或周末进行的活动？你是否陷入了一种每日生活安全可控，但令人不满或无聊的模式之中？比如，追追剧、玩玩游戏或刷刷社交媒体，然后就上床睡觉？

每个工作日晚上都一成不变，吃晚餐，看看有线电视上的体育节目，然后就睡觉。

● 你是否有业余时间或自由时间？你的不满是否与你的情绪健康状态有关？

你是否感到不堪重负或压力重重？

并没有感到压力，只是觉得无聊和烦躁。

● 你的不满是否与你的身体状况有关？比如你认为自己应该多加锻炼并且吃更加健康的食物，但尝试过后，你发现自己又回到了旧习惯中——久坐不动，几乎不锻炼，吃垃圾食品。

吃了太多的杂烩三明治，喝了太多的啤酒，从不锻炼。有糖尿病家族病史。

● 你的不满是否与你的人际关系有关？你是否感到孤独或寂寞？或者你每天都有许多社交活动，但你却发现，其中只有很少的互动令你满意。你与伴侣、孩子、父母之间的关系如何？你是否感到缺乏连接感？你当前的人际关系是否充满压力？你是否感到缺乏支持或无人赏识？

喜欢工作中的伙伴们，但在晚上会感到孤独。

● 日常生活中还有哪些令你不满的方面？请记住，这些不满不一定得是什么大事，但它们每天都会让你感到沉重、疲惫。

对于这个问题，多兰写道：

1. 长期吃杂烩三明治、喝啤酒，从不锻炼，可能会导致糖尿病，而我又有糖尿病家族病史。

2. 感到无聊、烦躁和孤独；感觉必定还有其他比工作更有意义的事情。

在第二部分中，多兰把他的不满转化为日常的个人成长目标。他再次回答了他认为最相关的问题。

● 是否有这样的活动，你虽然对其感兴趣，但由于担心自己会做不好或看上去愚蠢而避免参与？

做手工活。都是谁在做手工活呢？那玩意儿一点也不爷们。

● 是否有你觉得安全但无聊的日常活动？在这些活动中，你可能会对展示自己的能力充满信心，这些活动甚至让你看上去才华出众，但你却觉得有点厌倦。哪些日常活动会让你觉得更有趣，但可能有点冒险？

说到无聊，那肯定是在市里的健身房举重了。可能举重也挺有意思的吧，但我已经很久没去那个健身房了，而且我的身材也已经走样了。

● 是否有这样的活动，你今天很想尝试，但担心自己缺乏能力做好？

从高中毕业后就没打过篮球。我的球技真的很烂。

● 你是否曾经尝试过一些日常生活上的变动，但由于受到挫折，最终只得遗憾放弃？如果你可以毫不费力地实现这些生活变动，你会重视这些改变吗？

晚饭吃点不同的东西，少喝啤酒，但我下班后总是很累，所以总是徒劳无功。我试着做点沙拉，只喝一杯啤酒，但只能坚持个把星期。

当我刚成为一名汽修工时，我很兴奋。每次当我发现一辆车出了什么问题并把它修好时，我就感觉棒极了。我还喜欢做手工活，比如制作木雕。我是跟我的叔叔学的，他是个专业的木雕师。我雕刻了一些小玩意儿，主要是鱼之类的小动物。那很有趣，也很放松。我还是挺愿意做这些事的，只需要拿起一把小刀和一些软木就可以开始。

简而言之，多兰把不满变成了一个成长目标，他问自己：如果我不担心失败或看起来愚蠢，那么我下班后会是什么样子的？如果我能毫不费力地做到这一点，那么我会怎么做？

对于他的个人成长目标，多兰写道："学会制作更健康的食物；通过打篮球结交新朋友，增强体质；在业余时间提高做手工活的技能。"

使用成长目标计划表来管理行动计划

既然你已经为自己设定好了个人成长目标，那么就让我们开始用第 2 章中学到的成长目标计划表来管理你的日常成长目标吧。

让我们以多兰为例，来说明如何用好成长目标计划表。他给自己设定了 3 个个人成长目标：

1. 成长目标： 学会制作更健康的食物。
第一小步（可视化）：周三晚上去购物，购买一些健康的食材，试着研究一些菜谱。
不安心情：工作一整天后可能会很累。
达成第一小步的时间：下周三。

2. 成长目标： 通过打篮球结交新朋友，增强体质。
第一小步（可视化）：周二和周四去球场，随机加入一场球赛。
不安心情：担心身材走样被嘲笑，担心谁也不认识。
达成第一小步的时间：下周二和下周四。

3. 成长目标： 在业余时间提高做手工活的技能。
第一小步（可视化）：把吃灰已久的小刀和木料从壁橱里拿出来。
不安心情：担心自己看起来很傻。
达成第一小步的时间：下周一晚餐后。

现在，轮到你来完成自己的个人成长目标计划表了。

运用成长型思维作为日常防御措施

在完成个人成长目标计划表后，接下来会发生什么？你至此就能自动获得成长型思维吗？就像挥舞着魔杖那样，"咻"的一下，成长型思维就会让你每天的不满统统消失吗？这也太过奇幻了吧。但是，在你理解了成长型思维的优势后，你便为自己造出了由成长型思维加持的魔杖，你可以用这根魔杖点醒自己，在日常生活的各个方面，运用成长型思维为自己保驾护航。

如果我们为多兰挥动这根成长型思维魔杖，那么在他的想象中，获得成长后的日常生活会是什么样的？多兰一下就成为美食博客的明星主厨，他能制作出神奇美味的健康餐，吃了这些健康餐的人们都会获得拯救地球的能力，这个故事设定如何？或是他发掘出自己作为篮球巨星的天赋，每个人都想和他一起打球、和他交朋友。又或是他在手工创作上日益精进，在油管上发布了自己的作品视频，成为拥有数百万粉丝的大网红。但这真的是一种成长型思维吗？还是一种固定型思维陷阱——一种在大众社交媒体上编织出的成长幻梦呢？在这样的梦境中，多兰真的能明白成长型思维的真谛，做自己真正喜欢的事情，过自己真正珍视的生活吗？

那么，真正运用好了成长型思维的生活该是什么样的？实现这样的生活并非易事，但没关系，存在困难并不意味着你无法过上自己想要的生活。拥抱你的努力，迈出第一小步，然后再迈出下一小步。自我成长必然是需要付出努力的。你要坚持每天迈出一小步，同时抵御成长威胁。

让我们来看看多兰真实的成长之路的样子吧。他想在自己的生活中做出一些有意义的改变，但和许多其他人一样，他有时也很难保持成长型思维。多兰在每天迈出一小步的过程中，也不得不避开许多成长威胁。

他来到市里的健身房，和其他人一起打篮球。虽然他很快就气喘吁吁，也不是球场上最好的球员，但他发现自己的耐力越来越好，练习后的技术也有所提高。虽然一开始有些犹豫、尴尬和不自在，但他还是努力主动地在篮球场上认识了一些球友，并邀请常来的队员一起去吃个便餐。有人说可以，也有人说下次吧。总体而言，他结交了几位新朋友。其中一位朋友还邀请他参加了几次亲友野餐会，这也许是一段持久友谊的开始。他还向其他人询问了他们最喜欢的菜肴。准备食材需要花费一些时间和精力，但他正在尝试使用现成的比萨饼皮，添加一些诸如芝麻菜和茄子之类更健康的配料，这样比较快捷。他还邀请了一些邻居前来共进晚餐。他发现自己不喜欢芝麻菜，但喜欢茄子，自己以后可以多多尝试不同的食物。接下来，他想制作一些更有难度的沙拉，以及试着自己做调味品。

他也重新开始制作木雕，虽然一开始做得不尽如人意，但他并没有放弃。他觉得制作木雕让他十分放松，而且通过将木块变成精致的小动物，他能获得很大的成就感。在长期断联后，他又主动联系起了教他木雕的叔叔。在意识到自己因为许久不见而心生想念后，他开始去试着重新建立与这位家庭成员的连接。

现在，多兰已经将自己对日常生活的不满转化为了一些个人成长目标，然后将其可视化，并努力采取一些具体的步骤来实现它们。在多兰看来，其中一些步骤很容易做到，而另一些步骤则更具挑战性。

对于多兰来说，这些步骤在脸书上呈现的并非虚假人设，而是实实在在的日常生活，他正一小步一小步地前进，变成更好的自己。让我们来想象一下，多兰尝试在日常生活中获得进步时可能会面临哪些固定型思维障碍？就拿打篮球来说，多兰身材走样，体力不佳，打一小会儿便气喘吁吁，而且在球场上也常常是拖后腿的那个。如果成长型思维是根能立竿见影的魔杖，那么这些问题便不会成为他在球场上的困扰。然而，多兰所处的现实情况是，他时不时会因为自己的篮球技术而陷入固定型思维之中。因此，他不得不停下来，在他的各种想法（我可真是个笨蛋，只不过打了20分钟就感到疲倦，其他人的状态看起来都不错）、情绪（尴尬、沮丧）以及行为（早早结束比赛、找借口、不参加下一场比赛、否定他人）中搜索危险的警示信号。

那么，你能替多兰完成成长型思维工作表，让他重新拥有成长型思维吗？

在完成表格后，请参考以下给出的示例，看看多兰会如何完成表格，以及他在成长型思维主导下可能做出的回应。你会对多兰的表格进行什么补充或更改呢？

多兰的成长型思维工作表：打篮球

☆ **描述你的固定型思维陷阱：** 我才打 20 分钟就气喘吁吁，别人连一滴汗都没流

☆ **标出陷阱的类型：**

1. 面对有挑战性的任务
2. 努力了却事倍功半
3. 评估进度
4. 犯了错误
5. 受到他人的赞扬或批评
6. 听到别人的成功或失败

固定型思维主导下的想法	固定型思维的模式	成长型思维的模式	转变思维方式的问题	成长型思维主导下的想法
我可真是个笨蛋。	对自己进行"全或无"的评价	正确分析当前的技能水平	我对改进方式有什么分析和想法？我该如何实现自己的价值？	我自高中毕业后就没有打过篮球了。要恢复体能可能还需要一段时间。至少我已经开始努力了，而且我喜欢这种重新参加比赛的感觉。
只不过打了20分钟就感到疲倦。	消极看待自己的努力	积极看待自己的努力	实际上需要付出多少努力？	
其他人的状态看起来都不错。	认为表现只有满分或零分	按实际表现打分	从连续谱的角度看，我现在进展如何？最现实可行的改进方式是什么？	目前我的耐力还不是很好，但我的投篮技术还不错。 是否还有其他方法可以提高我的有氧运动水平？
	将错误灾难化	正确分析错误	我可以从我的错误中学到些什么？我能做哪些不同的事？	我并不是为了争夺湖人队的名额而来打球的，我在这里是为了娱乐和锻炼身体。
	将他人视为判官	将他人视为资源	他们是否为我提供了可操作性强的有用信息？	我可以问问其他人，他们打篮球的时长和频率，以及他们保持身体健康的其他方式。
	竞争性比较	建设性比较	我可以从别人那里学到些什么？他们的成功是否值得借鉴？	

固定型思维主导下的情绪	固定型思维的模式	成长型思维的模式	转变思维方式的问题和方法	成长型思维主导下的情绪
轻/中/重			我要如何做才能容忍这种情况？我该如何让自己平静下来？	
尴尬、沮丧			腹式呼吸法、专注当下法、FLOAT 训练法	更加平和、更加放松。

固定型思维主导下的行为	固定型思维的模式	成长型思维的模式	转变思维方式的问题	成长型思维主导下的行为
早早退场。找借口，比如说自己的膝盖在以前的足球比赛中受过伤。	选择过易或过难的目标	选择积极挑战	我要如何设计一个具有可操作性的、循序渐进的成长型思维主导下的计划？什么时候开始执行这个计划？	尽管感到疲劳，但依然坚持比赛。向其他人坦白我的体能有些下降，所以可能需要多参加几场比赛来增强耐力。
以后不再随心加入球场上的比赛了。	减少或不再努力	更加努力	（如果不考虑付出）我要坚持这个计划多久？	坚持定期参加篮球比赛。
告诉自己，这些人由于在生活上一事无成，才聚在这里打球消磨时间。	对进步进行辩解或夸大	对进步进行准确评估	我的优点和弱点是什么？我要如何弥补自己的弱点？	采纳他人的建议，比如周末尝试进行慢跑来提高有氧运动水平。
	隐藏错误	分析错误	我要采取哪些措施来改正这个错误？	
	寻找赞同并逃避批评	从批评中寻找建设性信息	谁能给我有效信息？我要什么时候用上这些信息资源？	
	诋毁或躲开其他成功的同辈群体	分析别人的成功经验	其他人都用了哪些方法获得成功？我能否效仿他们？	

现在，让我们来想想，多兰在采取具体步骤改善日常关系方面所面临的挑战。在健身房锻炼了几周后，他决定邀请常常一起打篮球的球友吃个便饭。有两个人答应参加，其他人都拒绝了他的邀请。再次感叹，如果成长型思维是根能立竿见影的魔杖就好了，那么多兰便不会对这样的结果感到心烦意乱，而是开开心心地与那两位接受邀请的朋友共进晚餐，然后和其他人继续在日常交往中发展友谊。但现实情况是怎样的？多兰感到愤怒和气馁。他认为："都是因为我不够酷，所以才不能让所有人都接受我的邀请。他们一定觉得我是个傻瓜。他们根本就不值得我这么低三下四地请来请去。"你能否看出多兰

情绪的变化和他陷入了固定型思维陷阱有关？这个陷阱是什么呢？你能从他的思维中看出哪些固定型思维的迹象呢？如果多兰没能发现这个问题并将其转化为成长型思维，那么这会对他发展更多的友谊产生什么影响？他会回避和批评那些拒绝他邀请的球友吗？他会继续坚持与他人一起参加活动吗？

在另一个成长型思维工作表中记录多兰对球友们拒绝他的邀请后所做出的反应。你能使用这个表格来帮助多兰重新回到他的成长行动计划中，从而继续改善他的日常关系吗？在完成多兰的表格后，请查看以下给出的示例。你会对多兰的表格进行什么补充或更改呢？

多兰的成长型思维工作表：接触他人

☆ **描述你的固定型思维陷阱：** 两个人接受了我吃饭的邀请，其他人拒绝了

☆ **标出陷阱的类型：**

1. 面对有挑战性的任务
2. 努力了却事倍功半
3. 评估进度
4. 犯了错误
5. 受到他人的赞扬或批评
6. 听到别人的成功或失败

固定型思维主导下的想法	固定型思维的模式	成长型思维的模式	转变思维方式的问题	成长型思维主导下的想法
都是因为我不够酷，所以才不能让所有人都接受我的邀请。 他们一定觉得我是个傻瓜。 他们根本就不值得我这么低三下四地请来请去。	对自己进行"全或无"的评价	正确分析当前的技能水平	我对改进方式有什么分析和想法？我该如何实现自己的价值？	我的目标是请些球友晚上一起吃个便饭，我已经做到了。
	消极看待自己的努力	积极看待自己的努力	实际上需要付出多少努力？	仅凭一次邀请，就期望每个人都欣然赴约，然后我就能立刻交到朋友，这是否现实呢？了解他人和与之建立友谊都需要一些时间。
	认为表现只有满分或零分	按实际表现打分	从连续谱的角度看，我现在进展如何？最现实可行的改进方式是什么？	
	将错误灾难化	正确分析错误	我可以从我的错误中学到些什么？我能做哪些不同的事？	也许直接吃饭对有的人来说有点麻烦。下次我可能会邀请这些人一起喝个小酒。要考虑到，一些人可能习惯回家吃饭，而有的人已经先和其他朋友有约了。
	将他人视为判官	将他人视为资源	他们是否为我提供了可操作性强的有用信息？	
	竞争性比较	建设性比较	我可以从别人那里学到些什么？他们的成功是否值得借鉴？	有的人可能确实会觉得我是个傻瓜吧，谁知道呢。但重点是，我确实能和某些人交上朋友，只是现在还不知道是和谁。唯一的办法就是继续主动去与他人建立联系。 我要怎么设计一个循序渐进的交友计划呢？与其直接约所有人一起吃饭，不如从一些容易接触的人开始，然后再试着去接触那些不太容易接近的人。

固定型思维主导下的情绪	固定型思维的模式	成长型思维的模式	转变思维方式的问题和方法	成长型思维主导下的情绪
轻／中／**重**			我要如何做才能容忍这种情况？我该如何让自己平静下来？	
尴尬、沮丧			腹式呼吸法、专注当下法、FLOAT 训练法	更加平和、更加放松。

固定型思维主导下的行为	固定型思维的模式	成长型思维的模式	转变思维方式的问题	成长型思维主导下的行为
避开那些拒绝邀请的人。 和那些受邀与我共进晚餐的人说，其他人都太把自己当回事了。 不再主动去邀请他人，而是等待他们来接近自己。	**选择过易或过难的目标**	选择积极挑战	我要如何设计一个具有可操作性的、循序渐进的成长型思维主导下的计划？什么时候开始执行这个计划？	为交友计划创建一个成长层级工作表，列出所有感兴趣的人，然后按照接近的难易程度进行排序。
	减少或不再努力	更加努力	（如果不考虑付出）我要坚持这个计划多久？	在打一场球后再试着邀请他们喝咖啡或饮料。多尝试几次这种方法。
	对进步进行辩解或夸大	对进步进行准确评估	我的优点和弱点是什么？我要如何弥补自己的弱点？	看看他们是否回应。如果没有的话，就把我的精力集中在已经攻破的两个人身上。
	隐藏错误	分析错误	我要采取哪些措施来改正这个错误？	探索其他拓展朋友圈的方式，比如在健身房参加举重课程，或是邀请几个邻居办个烧烤派对等。
	寻找赞同并逃避批评	从批评中寻找建设性信息	谁能给我有效信息？我要什么时候用上这些信息资源？	
	诋毁或躲开其他成功的同辈群体	分析别人的成功经验	其他人都用了哪些方法获得成功？我能否效仿他们？	

那么，多兰又该如何发展制作木雕的爱好呢？当多兰试着去重新拾起这个曾经给他带来快乐的爱好时，他又会遇上什么样的固定型思维障碍呢？在断联这么久后，他还能重新联系上教会他木雕技艺的叔叔吗？在美好的想象中，多兰成了油管上拥有数百万名忠实粉丝的木雕大师。而在现实生活中，他决定将自己的目标设定为雕刻出一只猎狗。想要再次拿起刻刀并非易事，他已经有十多年没有制作过木雕了。他试了一次又一次，丢掉了许多失败的半成品。他使用FLOAT训练法来处理自己的沮丧情绪。最终，他成功地将木雕变成了自己晚间活动的一部分。他每天晚上都会花30分钟沉浸其中，随着作品初具雏形，他很高兴地发现，自己似乎又重新掌握了木雕技艺。伴随着最喜欢的乡村音乐，他沉浸在自己的雕刻时光中，他感到无比宁静、放松和专注。然后，在一个周末，多兰的叔叔——一位职业雕刻家，到访了他家。叔叔看到多兰雕出的猎狗，随口评论道："哈，这猫雕得不错。"

试想想，当多兰试图提高自己的木雕技艺时，他遇到了什么样的成长威胁？他叔叔这句漫不经心的评价，会引发多兰的固定型思维吗？请你从多兰的角度出发，在成长型思维工作表中写下固定型思维主导下的想法、情绪和行为。然后，使用表格来帮助多兰转变自己的固定型思维，建立起成长型思维。

在你确定了自己的个人成长目标，并形成具体的行动步骤之后，要做好可能陷入固定型思维陷阱的准备——这是意料之中的事。有没有人能在日常生活中从不陷入固定型思维陷阱？也许只有婴儿能如此吧。你有没有见过婴儿学步？他们要如何迈出自己的第一步？首先，他们会抓住桌子或沙发的边缘，沿着它慢慢地挪动步子。他们也可能会握住看护人的手来练习走路，以获得支撑和平衡。最后他们会松开手，跌跌撞撞地向前走去。尽管他们可能才走几步就失去平衡，摔倒在地，但他们会重新站起来，然后再走几步。小小的婴儿从爬行到学会直立行走的过程，难道不正是一个个体不断培养技能，拓宽自己世界的过程吗？对婴儿来说，学步是每天都要面对的挑战，那么，在这个挑战中，他们会遇到哪些成长威胁呢？试着想象一下他们的处境吧。他们要面对自己从未尝试过的事情，大人们在他们身边健步如飞，而小小的他们只能跌跌撞撞地两脚打架，然后脸朝下摔在地上，挣扎着半天也站不起来，还引得周围的大人们哈哈大笑。

让我们来做个练习。请你想象出一个超级婴儿的形象。他是一个拥有高度发展的认知能力和情感能力的婴儿，拥有成年人的语言表达能力，也可以和他的婴儿朋友进行交流，但他尚未学会行走。如果这个婴儿陷入了固定型思维，那会是什么样的？关于行走的固定型思维会是什么样的？是否会产生类似"我是否有能力行走"，或是"我到底有没有资格成为一个会走路的人"之类的问题？如果这个婴儿拥有成长型思维，那么他会如何应对自己遇到的成长威胁？请你对照成长型思维工作表中列出的陷阱，找出他的成长威胁。

例如，如果这个婴儿看到了周围大人的成功——轻松自如地走路，那么，他的哪些想法、情绪和行为表明他出现了固定型思维？请你使用成长型思维工作表来捕捉他的固定型思维的危险信号，然后使用表格来帮助这个婴儿保持成长型思维。

下面给出了一个学步婴儿的成长型思维工作表的示例。在查看这个示例后，你会对这个婴儿的表格进行什么补充或更改？

婴儿的成长型思维工作表

☆ **描述你的固定型思维陷阱：** 学会走路

☆ **标出陷阱的类型：**

    1. 面对有挑战性的任务

    2. 努力了却事倍功半

    3. 评估进度

    4. 犯了错误

    5. 受到他人的赞扬或批评

    6. 听到别人的成功或失败

固定型思维主导下的想法	固定型思维的模式	成长型思维的模式	转变思维方式的问题	成长型思维主导下的想法
我就不是个能走路的人。	对自己进行"全或无"的评价	正确分析当前的技能水平	我对改进方式有什么分析和想法？我该如何实现自己的价值？	放下无益的过度思考，专注手头的任务。
我并不具备成为一个行走者所需的素质。我刚刚摔倒了，这意味着我永远都无法行走。	消极看待自己的努力	积极看待自己的努力	实际上需要付出多少努力？	让我们来试一试：放开桌子，看看会发生什么。哎呀，太早放手了。让我再试着扶着桌子挪动一段时间，看看会发生什么。
我的目标是今天独自行走一千米。如果我做不到，那就说明我没有这个能力。	认为表现只有满分或零分	按实际表现打分	从连续谱的角度看，我现在进展如何？最现实可行的改进方式是什么？	其他人在自如地行走。他们是怎么做到的？他们两腿交替的频率似乎没有那么快，还会微微弯曲膝盖，不像我那样双腿笔直地行走。
我今天只走了两步。这意味着我不是个合格的行走者。为什么还要继续做我做不到的事呢？	将错误灾难化	正确分析错误	我可以从我的错误中学些什么？我能做哪些不同的事？	
	将他人视为判官	将他人视为资源	他们是否为我提供了可操作性强的有用信息？	我能得到一些帮助吗？也许我可以抓住哥哥的手，直到获得更多的平衡。
其他人可以走得很好。他们可以轻松地行走，也不容易摔倒。他们可以走上好几千米，但我不能。	竞争性比较	建设性比较	我可以从别人那里学到些什么？他们的成功是否值得借鉴？	学会走路并不容易，但我会坚持，力求每天进步一点点。让我也时不时地休息一下，去吃饭和玩耍吧。
我应该像他们一样行走。我跌倒了，遭到了嘲笑。这意味着我做不到这些。				我已经两次成功做到放开自己走出两步了。之前我只会爬行和挪动。

固定型思维主导下的情绪	固定型思维的模式	成长型思维的模式	转变思维方式的问题和方法	成长型思维主导下的情绪
轻 / 中 / 重			我要如何做才能容忍这种情况？我该如何让自己平静下来？	
受挫、沮丧、焦虑			腹式呼吸法、专注当下法、FLOAT 训练法	更加专注、更加乐观、更加投入。

固定型思维主导下的行为	固定型思维的模式	成长型思维的模式	转变思维方式的问题	成长型思维主导下的行为
坚持只在地上爬行。	选择过易或过难的目标	选择积极挑战	我要如何设计一个具有可操作性的、循序渐进的成长型思维主导下的计划？什么时候开始执行这个计划？	从爬行开始，然后尝试挪动步子。
不愿放开看护人的手。				除了睡觉、吃饭和玩耍，每天都要练习走路。
想要尝试走出一千米。	减少或不再努力	更加努力	（如果不考虑付出）我要坚持这个计划多久？	摔倒时，重新站起来，继续练习。更小心地行走，试着弯曲膝盖、伸出手臂来保持平衡。
只愿意独自练习行走，这样就不会有人看到我摔倒和出错了。	对进步进行辩解或夸大	对进步进行准确评估	我的优点和弱点是什么？我要如何弥补自己的弱点？	
	隐藏错误	分析错误	我要采取哪些措施来改正这个错误？	观察看护人和哥哥，他们已经自如走路很长时间了，有着丰富的经验，向他们学习经验，模仿他们的做法。
对更加年幼的婴儿朋友说，学会走路其实也没什么用。	寻找赞同并逃避批评	从批评中寻找建设性信息	谁能给我有效信息？我要什么时候用上这些信息资源？	以不同的方式尝试行走，不要操之过急。
只愿与那些不会走路的婴儿朋友一起玩耍，避免和那些会走路的婴儿朋友待在一起。	诋毁或躲开其他成功的同辈群体	分析别人的成功经验	其他人都用了哪些方法获得成功？我能否效仿他们？	
对婴儿朋友说，如果我愿意的话，那么我可以自己走个一千米，但我还有更重要的事情要做。				

那么，这个练习有什么意义呢？我不知道是否真的存在具有成年人认知能力的超级婴儿，在你看来，所有这些固定型思维会如何阻碍一名婴儿的成长？如果婴儿担心自己看起来很愚蠢，担心自己会犯错误，处处束手束脚，

那么他们还会努力学习新的技能吗？他们还能在障碍面前坚持不懈吗？谢天谢地，婴儿可没有这些固定型思维，他们完全可以不带心理包袱地学会走路。然而，我们中的大多数人或多或少地有过固定型思维。固定型思维对某些人的影响可能比对另一些人的影响更大，或者固定型思维对一个人身上的某些方面的影响可能比对其他方面的影响更大。然而，即使你不知道自己是如何或何时形成了固定型思维，你也可以学会减小它对你的影响，然后朝着你所珍视的生活继续迈进。

在你不断前进的过程中，你每天可能会遇到的潜在固定型思维障碍是什么？请查看你的个人成长目标计划表，再次回顾你为实现目标所采取或计划采取的具体步骤。对你来说，有些步骤可能不过是小菜一碟，而有些步骤则可能会藏着固定型思维陷阱，让你一不小心就摔个跟头。你可以用前面学过的方法，在脑海中放映有关最好情况和最坏情况的电影，来为自己创建出极端情况下的成长型思维工作表，培养心理韧性，并搭建向上攀登的脚手架。

有些人会觉得，以上这些改变日常生活的做法，似乎需要非常大的工作量。他们会问："我怎么才能抽出时间来做这些事情？我总不能一辈子都在填这些表格吧？"

尽管江山易改，本性难移，但也不要小看自己，你要相信自己拥有移山竭海的能力。不要让困难妨碍你的进步。通过不断练习和时间积累，你会逐渐将辨识和防御固定型思维的意识融入日常生活，形成新习惯。

只有当你发现自己深陷于固定型思维时，你才需要使用这些表格来帮助你走出困境。如果你曾经学过开车，那么你可能不难回忆起自己第一次坐在驾驶座上的情景。是要踩下油门还是刹车？在岔路口该走哪个方向？方向盘要转向哪边？这些都需要你集中全部的注意力。但随着时间的推移，开车便成了一件毫不费力的事。除非遇到陷阱或是在冰面上行驶之类你不得不小心驾驶的情况，否则，开车便是你的日常技能。

在你把这些习得的技能融入日常生活后，你可以每周进行一次反思。你可以每周做一次"本周回顾"，来查看你的个人成长目标的达成进度。你可以反思在过去的一周中，你在工作、生活和个人成长目标上的表现：你是否遇到过挫折，比如犯下错误或受到批评？你做出的反应是基于成长型思维还是固定型思维？你是怎么知道的？你在想法、情绪和行为方面的判断指标是什么？你的思维方式是什么——是"全或无"，还是"每一分都算数"？当你遇到各种陷阱时，你的情绪反应是怎样的？你的情绪是否发生了变化？你的行为反应又是怎样的——是消极回避，还是积极参与？

如果你发现自己在这一周的大部分时间里都处于成长型思维之中，那就太棒了。上述分析将会加强你的成长型思维。如果你发现自己主要处于固定型思维之中，那也没关系。这些分析给了你一个机会，让你通过相应的技术重新获得成长型思维。例如，你可以花上15分钟时间：

1. 使用成长型思维工作表。当你再一次陷入固定型思维陷阱的时候，填写这张表格，并根据提示将固定型思维转变为成长型思维。

2. 使用成长训练工作表，以回应热情的夸奖和严厉的批评。

3. 练习使用相应技巧来平息你的固定型思维主导下的情绪，比如FLOAT训练法或腹式呼吸法。

4. 在充满焦虑的情况下也要提振精神，制订一个可行的成长行动计划。

5. 重读这本书的部分内容，以加强你的记忆。

对以上这些技术中的任何一项进行15分钟的练习，都能让你向自己所珍视的日常生活更进一步。

总结

固定型思维会让你陷入某种日常生活的泥沼之中，这种生活循规蹈矩、可控安全，但却令人不甚满意。你可以使用成长型思维来丰富和拓展你的日常生活，以应对日常挑战。

· 化解日常不满情绪，将其转化为个人成长目标。

· 将自己朝着个人目标迈出的每一小步可视化，并付诸实践。

· 使用成长型思维工作表和其他认知行为疗法工具，来识别和抵御可能妨碍你改变日常生活的6种成长威胁。

将成长型思维作为自己日常防御成长威胁的工具，每周进行一次"本周回顾"，查看你在实现目标方面的进展。

结语 CONCLUSION

　　这本书是在德韦克《终身成长》一书的基础上发展而来的工作手册，是一份在你遇到障碍时，能帮助你始终保持成长型思维的导航地图。固定型思维是指你认为自己的能力或品质是固定不变的，它们可能高，也可能低，但你几乎无法对其进行改变。而成长型思维则是指你可能生来具有某种特定的能力或品质，且你相信自己可以不断地去提高自己的能力或发展自己的品质。

　　当人们拥有成长型思维时，他们会接受更多的挑战，在困难面前更有韧性，更能适应变化，更能从错误中学到经验，以及更善于利用他人作为导师或资源来发展自己的能力或品质。而当拥有固定型思维时，人们总会为自己的能力或品质感到担忧。我聪明吗？我有天赋吗？我讨人喜欢吗？我虚弱吗？我是个失败者吗？他们故步自封，经营着自己的小小世界，以避免在这些问题上得到任何自己不想要的答案。因此，他们宁愿去选择更为安全或简单的任务，从而避免挫折或向他人寻求帮助，以免暴露自己的不足之处。

　　有些人在多数时候拥有成长型思维，而另一些人在多数时候拥有固定型思维。然而，即使是那些在多数时候拥有成长型思维的人，当他们遇到生活中的低谷（如遭受挫折、受到批评、犯错误、听到他人的成功）时，也可能会陷入固定型思维之中。但好消息是，有许多基于认知行为疗法发展而来的方法能为你提供披荆斩棘的工具，让你重新回到成长的正轨之上，并大步向前迈进。在这本书中，你已经学会了如何使用这些工具来识别出固定型思维，勇敢地面对生活中的挑战，然后破土而生、茁壮成长，从而在你所珍视的领域，无论是职业生涯、社交活动还是个人生活上，都能表现出色、光芒万丈。

现在，轮到你自己来试着去加强和保持你的成长型思维了。培养成长型思维就像培育一个花园一样，这不是一个关于如何成为好园丁或坏园丁的问题，而是在面对许多挑战时，如何能更好地发展出相应的园艺技能的问题；这也不是简单地把一颗种子扔到地里，然后抱着最大的期待来祈祷它茁壮成长，而是需要在面对障碍时，用努力和坚持滋养它帮助它成长。例如，你想种植什么植物？你花园的土壤是什么样的？如果土壤出现问题，是因为岩石太多还是沙砾太多？有益虫或害虫出现吗？如何保护益虫，消灭害虫？雨水是不够还是太多？现在，你的花园中就种下了这样一颗种子：你的成长目标。请将这本书作为一个初学者套装吧，里面装满了各种各样的工具，帮助你耕耘你的花园，培育你的种子。

从固定型思维转向成长型思维是一个过程，需要付出足够的时间和持续的努力。当你拥有一个有价值的成长目标，并充分理解固定型思维和成长型思维之间的区别时，并不意味着你能一直保持成长型思维来高效达成你的成长目标。因此，你得用成长型思维来看待关于成长型思维的问题，尽量不要在这上面陷入固定型思维之中。这可能意味着，你并不是从一开始就是个能一直保持成长型思维的人，而是通过不断训练自己，降低和减少与固定型思维相关的想法、情绪和行为的作用强度、产生频率和持续时间，从而强化自己的成长型思维。这个过程还包括你能更好地识别自己何时陷入了某种固定型思维陷阱之中，然后运用认知行为疗法工具，为自己搭建起一个向上攀爬的成长型思维脚手架，从而通向更加充实美好的人生。

这个过程并不是要彻底消灭你的固定型思维。固定型思维是你人生风景中无可避免的部分，它就是这样自然而合理地存在着。作为一个人，你本就是不完美的，必然会出现各种固定型思维主导下的想法、情绪和行为。但你也是一个在不断发展、自我完善的人，因此，陷入固定型思维是一个机会，可以让你更熟练地构建自己的成长型思维脚手架。

固定型思维的出现是情理之中的事。它总是无处不在，也总会在不经意间就自动跳出，以至于你可能后知后觉，过了好一阵子才意识到它的存在。例如，当回过头来看过去发生的某件事时，你可能会说："我不敢相信，我那时以固定型思维来回应了老板的建议。"或者会说："当我的朋友刚刚得到一份很好的新工作时，我却进行了竞争性比较，甚至对她产生了诋毁的想法。"这都是完全没有关系的。即使你在过了好几年之后，才意识到自己陷入了某种固定型思维之中，使用书中的技巧，培养你的成长型思维永远也不会太迟。这能帮助你增强心理韧性，让你重新回到更加充实美好的生活。

只要记住，你在人生中向前迈出的每一小步都作数。只要你发现自己身上存在固定型思维的信号，即使是在很久以后，也是你朝着发展自己的成长型思维所迈出的一步。培养成长型思维的过程需要付出很多努力，你也难免会犯下一些错误，但要知道，你正在路上，你正在前行。通过本书的帮助，只要投入足够的时间和精力进行练习，你就能为保持你的成长型思维奠定好基础。现在，你已经进行了大量的练习，学会了如何识别出固定型思维的迹象，并运用本书中的资源为自己搭建起向上攀爬的成长型思维脚手架，从而重新走上正轨，通往你所珍视的生活。有了这些资源的帮助，你便能更快地识别出固定型思维，并且以更小的代价做出更大转变。你会发现，通过练习，你会更少地陷入固定型思维之中；你还会发现，由固定型思维引发的情绪会变得不再那么强烈。请你记住，想要获得进步，就需要付出努力和充分投入，也许改变是个循序渐进的缓慢过程，但它绝对是值得的。因此，请你试着坚持在这些策略的帮助下，成为更好的自己吧！

而我本人在撰写这本书的过程中也难免遇到一些困境，正如意料之中的那样，有时会陷入某种固定型思维之中。例如，我不得不处理自己脑海中蹦出的纷繁复杂的想法，从"我可真是充满智慧啊，写了这么一本好书"的自鸣得意，到"这本书的受众到底是哪些人？读者们会买账吗？"的自我怀疑。我不得不承认，这本书并不完美，同时也承认，正是希望这本书完美无缺的极端想法，反而阻碍了我的工作进度。在编辑过程中，我必须经受住各种来自他人或褒或贬的反馈，并努力保持成长型思维，将他们的意见视为资源而非评价。我还必须识别出竞争性比较——比如从"我的书可比其他同类题材的书写得好多了"中发现嫉妒之心，从"我永远也写不出这么棒的书"中发现自我贬抑的心理——并将其转向更具建设性的比较，从而调整我的创作过程。在这个过程中，我同样也产生过挫折感，也时不时会想要拖延或逃避。哪怕我是如此了解这两种思维方式的不同，并且就此主题进行了多年的研究和教学，固定型思维也不可避免地出现在了我的身上。固定型思维就像是趴在道路前方的拦路虎，就等着出其不意地给我们来一下，但随着学习和实践的深入，我们向成长型思维的转变将会变得更容易、更主动。

总之，我们不要对自己的成长型思维拥有固定型思维。几乎没有人能100%拥有成长型思维，几乎每个人都曾被生活中的挫折绊倒。从固定型思维转变为成长型思维，这应当是我们的一项终身事业，这项事业将使你能沉着应对生活中的诸多挑战，然后向阳而生，茁壮成长。因此，请你用成长型思维来武装自己，然后朝着你所珍视的生活而努力——无论是实现你的梦想，建立更有意义的连接，还是成为你想成为的人。

致谢 ACKNOWLEDGEMENTS

如何将理论坚实的心理研究付诸实践应用,来帮助人们应对生活中的艰难挑战?我有幸拥有两位导师——卡罗尔·德韦克教授和亚伦·贝克教授,他们在这个学以致用的旅程中给了我许多指导,让我得以回答这个问题。他们的好奇心和奉献精神都深深地鼓舞了我,也激发了我的灵感。他们改变了我的人生轨迹,也改变了全球无数人的生活。

更具体地说,我要感谢卡罗尔,在我向她分享这本书的写作计划时,她表现出了极大的热情,并对我进行了万般鼓励。她对我早期章节的初步意见和修改,对本书内容的塑造起到了不可估量的作用。我要感谢罗伯特·莱希,他在百忙之中与我分享了他的专业知识、见解和建议。我还要感谢我在新哈宾格出版社(New Harbinger)的编辑团队——瑞恩·布雷什(Ryan Buresh)和迦勒·贝克威思(Caleb Beckwith),这个出色的团队帮助我打磨了我的书稿,使这本书更容易为广大读者所接受。另外,我同样感谢我的文字编辑布雷迪·卡赫(Brady Kahn)的勤勉工作。

我要深深感谢我个人的成长型思维团队:玛丽·班杜拉(Mary Bandura),她是我在哈佛大学人类发展实验室工作期间的第一个成长型思维伙伴,她在与卡罗尔就论文的对话中,形成了关于"能力可塑性(成长)"与"固定观点"的概念;我的朋友兼同事戴安娜·迪尔(Diana Dill)和我的姐姐莎伦·韦恩斯托尔（Sharon Wienstroer），她们温柔地鼓励我撰写这本工作手册，并提供了富有见地的反馈；我的女儿凯瑟琳和我的丈夫亚历克斯，他们给了我足够的空间，并鼓励我完成这本书。我很幸运拥有一个大家庭和许多朋友，他们一直支持我、帮助我，让我在遇到生活中的固定型思维障碍时，能保持成长型思维。这本书献给我的父母——海伦和沃尔特，是他们奠定了我成长型思维的基础。

参考文献

REFERENCES

Aronson, J., C. B. Fried, and C. Good. 2002. "Reducing the Effects of Stereotype Threat on African American College Students by Shaping Theories of Intelligence." *Journal of Experimental Social Psychology* 38 (2): 113–25.

Bandura, M., and C. S. Dweck. 1985. "The Relationship of Conceptions of Intelligence and Achievement Goals to Achievement-Related Cognition, Affect, and Behavior." Unpublished manuscript, Harvard University.

Beck, A. T. 1976. *Cognitive Therapy and the Emotional Disorders*. Madison, CT: International Universities Press.

Beck, A. T., A. J. Rush, B. F. Shaw, and G. Emery. 1979. *Cognitive Therapy of Depression*. New York: Guilford Press.

Beck, A. T., G. Emery, and R. L. Greenberg. 2005. *Anxiety Disorders and Phobias: A Cognitive Perspective*. 20th ed. New York: Basic Books.

Beer, J. S. 2002. "Implicit Self-Theories of Shyness." *Journal of Personality and Social Psychology* 83 (4): 1009–24.

Blackwell, L. S., K. H. Trzesniewski, and C. S. Dweck. 2007. "Implicit Theories of Intelligence Predict Achievement Across an Adolescent Transition: A Longitudinal Study and an Intervention." *Child Development* 78 (1): 246–63.

Cowan, L. 2014. "Matthew McConaughey: Finding Comfort in Uncomfortable Roles." *Sunday Morning*, February 9. CBS News. https://www.cbsnews.com/news/matthew-mcconaughey-on-dallas-buyers-club/.

Dweck, C. S. 2006. *Mindset: The New Psychology of Success*. New York: Random House.

Dweck, C. S., and E. S. Elliott-Moskwa. 2010. "Self-Theories: The Roots of Defensiveness." In *Social Psychological Foundations of Clinical Psychology*, edited by J. E. Maddux and J. P. Tangney. New York: Guilford Press.

Elliott, E. S., and C. S. Dweck. 1988. "Goals: An Approach to Motivation and Achievement." *Journal of Personality and Social Psychology* 54 (1): 5–12.

Good, C., J. Aronson, and M. Inzlicht. 2003. "Improving Adolescents' Standardized Test Performance: An Intervention to Reduce the Effects of Stereotype Threat." *Journal of Applied Developmental Psychology* 24 (6): 645–62.

Hayes, S. C., and J. Lillis. 2012. *Acceptance and Commitment Therapy*. Washington, DC: American Psychological Association.

Hofmann, S. G., A. Asnaani, I. J. Vonk, A. T. Sawyer, and A. Fang. 2012. "The Efficacy of Cognitive

Behavioral Therapy: A Review of Meta-Analyses." *Cognitive Therapy and Research* 36 (5): 427–40.

Hofmann, S. G., A. T. Sawyer, A. A. Witt, and D. Oh. 2010. "The Effect of Mindfulness-Based Therapy on Anxiety and Depression: A Meta-Analytic Review." *Journal of Consulting and Clinical Psychology* 78 (2): 169–83.

Hong, Y., C. Chiu, C. S. Dweck, D. M.-S. Lin, and W. Wan. 1999. "Implicit Theories, Attributions, and Coping: A Meaning System Approach." *Journal of Personality and Social Psychology* 77 (3): 588–99.

Kammrath, L. K., and C. S. Dweck. 2006. "Voicing Conflict: Preferred Conflict Strategies Among Incremental and Entity Theorists." *Personality and Social Psychology Bulletin* 32 (11): 1497–508.

Kaplan, J. S., and D. F. Tolin. 2011. "Exposure Therapy for Anxiety Disorders." *Psychiatric Times* 28 (9). September 6. https://www.psychiatrictimes.com/view/exposure-therapy-anxiety-disorders.

Kray, L. J., and M. P. Haselhuhn. 2007. "Implicit Negotiation Beliefs and Performance: Experimental and Longitudinal Evidence." *Journal of Personality and Social Psychology* 93 (1): 49–64.

Leahy, R. L. 2004. *Contemporary Cognitive Therapy: Theory, Research, and Practice.* New York: Guilford Press.

Leahy, R. L., D. Tirch, and L. A. Napolitano. 2011. *Emotion Regulation in Psychotherapy: A Practitioner's Guide.* New York: Guilford Press.

Mangels, J. A., B. Butterfield, J. Lamb, C. Good, C. S. Dweck. 2006. "Why Do Beliefs About Intelligence Influence Learning Success? A Social Cognitive Neuroscience Model." *Social Cognitive and Affective Neuroscience* 1 (2): 75–86.

Mueller, C. M., and C. S. Dweck. 1998. "Praise for Intelligence Can Undermine Children's Motivation and Performance." *Journal of Personality and Social Psychology* 75 (1): 33–52.

Nussbaum, A. D., and C. S. Dweck. 2008. "Defensiveness Versus Remediation: Self-Theories and Modes of Self-Esteem Maintenance." *Personality and Social Psychology Bulletin* 34 (5): 599–612.

Persons, J. B., and M. A. Tompkins. 2007. "Cognitive-Behavioral Case Formulation." In *Handbook of Psychotherapy Case Formulation,* edited by T. D. Eells. New York: Guilford Press.

Robins, R. W., and J. L. Pals. 2002. "Implicit Self-Theories in the Academic Domain: Implications for Goal Orientation, Attributions, Affect, and Self-Esteem Change." *Self and Identity* 1 (4): 313–36.

Wood, R., and A. Bandura. 1989. "Impact of Conceptions of Ability on Self-Regulatory Mechanisms and Complex Decision Making." *Journal of Personality and Social Psychology* 56 (3): 407–15.

Young, J. E., J. S. Klosko, and M. E. Weishaar. 2003. *Schema Therapy: A Practitioner's Guide.* New York: Guilford Press.